德博诺创新思考经典系列
Edward de Bono

The Six Value Medals

六枚价值牌

[英]爱德华·德博诺 著

柏惠鸿 译

王琼 审校

中国科学技术出版社
·北京·

Copyright © McQuaig Group Inc., 2005
First published as THE SIX VALUE MEDALS in 2005 by Vermilion, an imprint of Ebury Publishing. Ebury Publishing is part of the Penguin Random House group of companies
北京市版权局著作权合同登记　图字：01-2023-0070

图书在版编目（CIP）数据

六枚价值牌 /（英）爱德华·德博诺（Edward de Bono）著；柏惠鸿译 . — 北京：中国科学技术出版社，2023.8
书名原文：The Six Value Medals
ISBN 978-7-5236-0271-3

Ⅰ.①六… Ⅱ.①爱… ②柏… Ⅲ.①成功心理—通俗读物 Ⅳ.① B848.4-49

中国国家版本馆 CIP 数据核字（2023）第 090281 号

策划编辑	申永刚　方　理	责任编辑	方　理
封面设计	今亮新声	版式设计	蚂蚁设计
责任校对	邓雪梅	责任印制	李晓霖

出　　版	中国科学技术出版社
发　　行	中国科学技术出版社有限公司发行部
地　　址	北京市海淀区中关村南大街 16 号
邮　　编	100081
发行电话	010-62173865
传　　真	010-62173081
网　　址	http://www.cspbooks.com.cn

开　　本	787mm×1092mm　1/32
字　　数	93 千字
印　　张	6
版　　次	2023 年 8 月第 1 版
印　　次	2023 年 8 月第 1 次印刷
印　　刷	河北鹏润印刷有限公司
书　　号	ISBN 978-7-5236-0271-3/B·147
定　　价	62.00 元

（凡购买本社图书，如有缺页、倒页、脱页者，本社发行部负责调换）

Dear Chinese Readers,

These books are practical guides on how to think.

My father said "you cannot dig a hole in a different place by digging the same hole deeper". We have learned to dig holes using logic and analysis. This is necessary but not sufficient. We also need to design new approaches, to develop skills in recognizing and changing how we look at the situation. Choosing where to dig the hole.

I hope these books inspire you to have many new and successful ideas.

Caspar de Bono

亲爱的中国读者们，

这套书是关于如何思考的实用指南。

我父亲曾说过："将同一个洞挖得再深，也无法挖出新洞。"我们都知道用逻辑和分析来挖洞，这很必要，但并不够。我们还需要设计新的方法，培养自己的技能，来更好地了解和改变我们看待事物的方式，即选择在哪里挖洞。

希望这套书能激发您产生许多有效的新想法。

卡斯帕·德博诺

德博诺全球总裁，爱德华·德博诺之子

荣誉推荐

德博诺用最清晰的方式描述了人们为何思考以及如何思考。

——伊瓦尔·贾埃弗（Ivar Giaever）

1973年诺贝尔物理学奖获得者

非逻辑思考是我们的教育体制最不鼓励和认可的思考模式，我们的文化也对以非逻辑方式进行的思考持怀疑态度。而德博诺博士则非常深刻地揭示出传统体制过分依赖于逻辑思考而导致的错误。

——布莱恩·约瑟夫森（Brian Josephson）

1973年诺贝尔物理学奖获得者

德博诺的创新思考法广受学生与教授们的欢迎，这套思考工具确实能使人更具创造力与原创力。我亲眼见证了它在诺贝尔奖得主研讨会的僵局中发挥作用。

——谢尔登·李·格拉肖（Sheldon Lee Glashow）

1979年诺贝尔物理学奖获得者

没有比参加德博诺研讨会更好的事情了。

——汤姆·彼得斯（Tom Peters）

著名管理大师

我是德博诺的崇拜者。在信息经济时代，唯有依靠自己的创意才能生存。水平思考就是一种有效的创意工具。

——约翰·斯卡利（John Sculley）

苹果电脑公司前首席执行官

德博诺博士的课程能够迅速愉快地提高人们的思考技巧。你会发现可以把这些技巧应用到各种不同的事情上。

——保罗·麦克瑞（Paul MacCready）

沃曼航空公司创始人

德博诺的工作也许是当今世界上最有意义的事情。

——乔治·盖洛普（George Gallup）

美国数学家，抽样调查方法创始人

在协调来自不同团体、背景各异的人方面，德博诺提供了快速解决问题的工具。

——IBM 公司

德博诺的理论使我们将注意力集中于激发员工的创造力，可以提高服务质量，更好地理解客户的所思所想。

——英国航空公司

德博诺的思考方法适用于各种类型的思考，它能使各种想法产生碰撞并很好地协调起来。

——联邦快递公司

水平思考就是可以在 5 分钟内让你有所突破，特别适合解决疑难问题！

——拜耳公司

创新并不是少数人的专利。实际上，每个人的思想中都埋藏着创新的种子，平时静静地沉睡着。一旦出现了适当的工具和引导，创新的种子便会生根发芽，破土而出，开出绚烂的花。

——默沙东（MSD）公司

水平思考在拓宽思路和获得创新上有很大的作用，这些创新不仅能运用在为客户服务方面，还对公司内部管理有借鉴意义。

——固铂轮胎公司

（德博诺的课程让我们）习得如何提升思维的质量，增加思考的广度和深度，提升团队共创的质量与效率。

——德勤公司

水平思考的工具，可以随时应用在工作和生活的各个场景中，让我们更好地发散思维，收获创新，从内容中聚焦重点。

——麦当劳公司

创造性思维真的可以做到在毫不相干的事物之间建立神奇的联系。通过学习技巧和方法,我们了解了如何在工作中应用创造性思维。

——可口可乐公司

(德博诺的课程)改变了个人传统的思维模式,使思考更清晰化、有序化、高效化,使自己创意更多,意识到没有什么是不可能的,更积极地面对工作及生活。

——蓝月亮公司

(德博诺的课程)改变了我们的思维方法,创造了全新的思考方法,有助于解决生活及工作中的实际问题,提高创造力。

——阿克苏诺贝尔中国公司

(德博诺的课程让我们)学会思考,可以改变自己的思维方式。我们掌握了工具方法,知道了应用场景,有意识地使用思考序列,可以有意识地觉察。

——阿里巴巴公司

解决工作中的问题,特别是一些看上去无解的问题时,可以具体使用水平思考技能。

——强生中国公司

根据不同的创新难题,我们可以选择用多种水平思考工具组合,发散思维想出更多有创意的办法。

——微软中国公司

总序

改变未来的思考工具

面对高速发展的人工智能时代,人们难免对未来感到迷茫和无所适从。如何才能在激烈的市场竞争中脱颖而出,成为行业的佼佼者?唯有提升自己的创造力、思考能力和解决问题的底层思维能力。

而今,我们向您推荐这套卓越的思考工具——爱德华·德博诺博士领先开发的思维理论。自1967年在英国剑桥大学提出以来,它已被全球的学校、企业团队、政府机构等广泛应用,并取得了巨大的成就。

在过去的半个世纪里,德博诺博士全心全意努力改善人类的思考质量——为广大企业团队和个人创造价值。

德博诺思考工具和方法的特点,在于它的根本、实用和创新。它不仅能提高工作效率,还能帮助我们找到思维的突破点,发现问题,分析问题,创造性地解决问题，进而在不断变化的时代中掌握先发优势，超越竞争，创造更多价值。

正是由于这套思考工具的卓越表现，德博诺思维训练机构在全球范围内备受企业高管青睐，特别是在世界500强企业中广受好评。

自2003年我们在中国成立公司以来，在培训企业团队、领导者的思维能力上，我们一直秉承着德博诺博士的理念，并通过20年的磨炼，培养和认证了一批优秀的思维训练讲师和资深顾问，专门服务于中国企业。

我们提供改变未来的思考工具。让我们一起应用智慧的力量思考未来，探索未来，设计未来，创造未来和改变未来。

赵如意

德博诺（中国）创始人 & 总裁

导读

用思维设计价值，让思考更有价值

价值是什么？

作为世界上系统思考的权威，爱德华·德博诺博士把价值思考的工具和过程用一个简单实用、生动有力的方式展示出来，这就是"六枚价值牌"。它们有三个特点。

第一，看见"看不见"——提供思考的视觉化框架。德博诺思维体系的一个优势就是把思维标示出来，让思维外显化，便于理解，便于思考，便于形成讨论中的工作语言。这是因为视觉化信息能增加大脑的带宽，促进记忆。正如德博诺博士所说，我们对于图形化的整体模式能够快速认识，进而让大脑获得更深层次且更有意义的编码体验。

从《六顶思考帽》到《六枚价值牌》，它们都将我们的注意力指引到相关方面，帮助我们看到事物的本质并进行思考。

对于价值而言，尽管它是真实的，但也是模糊无形的，因此难以考量。这在很大程度上是一个感知的问题，即我们如何看待价值。为了更好地帮助我们设计和思考价值，德博诺博士运用了"六枚牌"做比喻，分别以金、银、钢、玻璃、木、铜代表六种价值的概念，用思维工具和技巧指引我们深入思考价值。

第二，想到"想不到"——深度扫描价值维度。价值牌定义了价值，揭示了组成个人和企业价值的各个方面，以系统组合的工具扫描价值，让我们真正发掘和设计出代表未来、超越竞争的价值。

其中，金牌代表人的价值，它思考人类的需求、生存、安全、归属、被认可、尊严与自我实现。

银牌表示组织的价值，用来评估个人与组织的运转状况、效率、成本控制、赢利能力等。

钢牌指向质量价值，是"刚需"，专注于思考质量方面的利益。

玻璃牌提醒我们，玻璃是一种看似简单但用途很广的材料，可以做出各种各样的东西。所以，玻璃牌思考关于革新和创造的价值。

木牌代表与生态及周围环境密切相关的价值。如果一个工厂是小镇上最大的用人单位,那么它的用工政策或环保方案的改变都会给小镇带来巨大影响。

铜牌代表感知价值。有些价值极其重要却常被忽略,就像铜和金子都是黄颜色的,却容易被误认或混淆。铜牌提示着我们的感知。

德博诺博士致力于发展深度思考的能力。他说,思考是人类最根本的资源。我们从不满足于现状,无论已经有多好,总想变得更好。但是现在,我们面临服务、产品、竞争升级的环境。如何超越竞争?如何进行价值整合?毫无疑问,就价值而言,人们具备的能力、掌握的信息、应用的技术、拥有的经验都是可以增值的商品;但对个人而言,后面三项贬值得太快,以至于我们屡屡陷入质疑自己竞争力的困境之中。因此,一个重要的生存和发展的能力就是去创造价值和实现价值,而《六枚价值牌》的核心意义就在于为我们提供深度思考价值的方法、框架和应用。

第三,做成"做不成"——见证思考的力量。德博诺博士认为,价值是一种关系,是我们能从相关事物、人群、行动中所获得的利益。价值观在我们的思想和行动中无处不在，我们认为它很重要，却并不真正了解它。我们知道自身的真正价值是什么吗？设计出价值又如何去实现呢？我们了解自己和组织追求的真正价值是什么吗？六枚价值牌——金、银、钢、玻璃、木、铜的框架和命名不仅便于我们注意、寻找和领会价值，进行价值评估，更帮助我们决策和行动。

一对母女要在两所非常好的中学之间进行"艰难"抉择：一所离家远、硬件好，以素质教育著称，孩子可以直读高中或加入本校知名的国际部。另一所离家近，以应试教育著称，但孩子要参加中考以决定是否能升入该校高中；当然，一旦入学，她将来考入名校的机会可能很大。母女俩纠结不已。后来，她们运用了"六枚价值牌"中的价值评估进行思考：

表 0-1

价值牌	思考内容（1=价值低；4=价值高）	A 中学	B 中学
银牌（组织）	家庭成员对两所学校都看重	4	4
金牌（个人）	对孩子发展都很好	4	4

续表

价值牌	思考内容（1=价值低；4=价值高）	A中学	B中学
钢牌（质量）	都是重点中学，排名一样	4	4
铜牌（感知）	B须参加中考以决定是否能升入本校高中	4 可直读	3 需参加中考
木牌（环境）	A在当地乃至全国以校园软硬件设施著称，学生非常喜欢；B属于当地著名中学，毗邻名校，升入名校的机会大	4 硬件好离家远（-1）	3 硬件挺好离家近
玻璃牌（创新）	A可以在离学校近的地方租房；B须早点起床通勤	4	3
结论		23分 当选	21分 候补

经过思考，孩子做出了选择。母女俩把价值要素和维度清晰地梳理了一遍，最后干脆利落不纠结。

"六枚价值牌"展示了德博诺思维工具的强大力量：由"点"——用一个具体思考工具，到"线"——串接起工具的组合，再到"面"——搭建思考的整体框架，最后到"体"——由颗粒度更为细化的价值要素支撑起多维思考。从单点到多维，细致、周到、缜密、深刻，建构起一个有力的价值思考的体系和结构。通过这个结构，我们好像戴上了洞察力眼镜，像 VR/AR 一样通过增强现实，看得更通透清晰，为行为提供更有信心的策略。

王琼
德博诺六顶思考帽®、水平思考™课程认证思维训练师
德博诺（中国）首席讲师

目录

引言　什么是六枚价值牌　　　　　　　　001

第一部分

第1章　价值　　　　　　　　　　　　　009
第2章　负面价值　　　　　　　　　　　024
第3章　思考框架　　　　　　　　　　　029

第二部分

第4章　六枚价值牌　　　　　　　　　　041
第5章　金牌价值　　　　　　　　　　　047
第6章　银牌价值　　　　　　　　　　　057
第7章　钢牌价值　　　　　　　　　　　066
第8章　玻璃牌价值　　　　　　　　　　075
第9章　木牌价值　　　　　　　　　　　084
第10章　铜牌价值　　　　　　　　　　093

第三部分

第11章	价值敏感度	105
第12章	冲突和优先级	112
第13章	设计	116
第14章	价值的大小	121
第15章	收益和成本	132
第16章	价值的来源	138
第17章	价值三角	149
第18章	价值地图	158

结论 165

引言　什么是六枚价值牌

传统的思维习惯可以被大幅改善。传统思维完全依靠分析和判断，所以我们依靠传统思维来辨别出常见的情况，然后使用标准答案来处理。然而，现在这种方法已经不够用了。对于过去的事情可以进行分析，但对于未来我们则需要进行设计。

价值涉及思维和行为的方方面面。有价值的事是指对我们而言很重要、但我们可能还没有意识到的事情。

这本书为价值评估提供了一种有效的思考框架。我们对不同类型的价值进行了分类和命名，它们分别是金牌、银牌、钢牌、玻璃牌、木牌和铜牌。这使我们可以更容易注意到这些价值，寻找、发现并根据它们来采取行动。

六枚价值牌的思考方法适用于各种组织和人。企业、经理和员工都将从中受益，对于个人生活而言，它也可以发挥同样的作用。你可以将这些价值和方法应用到生活的方方面面。

>>> 我们为什么需要价值

我曾与许多世界级大型企业合作过，包括IBM、杜邦公司、埃克森美孚公司、壳牌公司、诺基亚公司、摩托罗拉系统公司、日本电报电话公司、英国电信集团、通用电气公司、福特电气公司等。在许多情况下，管理似乎建立在维持现状和解决问题的基础之上。这意味着公司需要按目前的方向发展，并在发现问题的同时解决它们。除此之外，公司还可能会发生兼并和收购行为，或是"跟风"行为——如果另一家公司有了成功的创新，就以自己的方式来模仿。

谁能说这不是一种成功的战略呢？但当下令人满意的事，在未来也许不再如此。那些满足于维持现状和解决问题的公司根本没有充分地发挥出它们的潜力。

必需品

有三种东西正在成为商业中的必需品：

1. 能力正在成为一种必需品。各个商业组织的能力并不相同，但大家都在朝着同一个方向努力。如果组织的生存完全依赖于自身能力始终超越竞争对手能力这一点，那么这种生存基础是非常薄弱的，因为你无法阻止竞争对手变得像你的组织一样强大。或许你的组织暂时仍然保持领先，但是你们之间的差距会不断缩小。

2. 信息正在成为一种必需品。你可以很容易地获取信息，在必要时也可以购买信息。秘密几乎是不存在的。你可能会比别人更早得到一些特殊的信息，但其他人很快也会知道。而计算机和互联网更意味着私密信息的终结。

3. 先进技术正在成为一种必需品。技术可以被购买、被外包、被超越。也许在制药等少数领域，一些特殊的技术确实会形成领先地位，但这种情况很少见。无论如何，除非技术转化为价值，否则它本身是无用的。这个世界不需要更精巧的小玩意儿，而是需要能带来真正价值的工具。

同样，就个人而言，仅仅有能力、见多识广、会使用计算机已经不够了，这些基础技能现在对雇主而言已经不值一提了。为了在职业生涯中继续前进，我们需要为自己所提供的能力增加价值。

如果所有东西变成了每个人都能获得的必需品,那么该如何才能形成差异呢?

烹饪比赛

让我们想象一场烹饪比赛。六位大厨坐在一张长桌边,每位厨师拿到的都是完全相同的食材和厨具,你认为谁会赢得比赛?

你可能会说,获胜者是把同一道菜做得更好吃的那个厨师。

事实上,获胜者更有可能是那个给相同的食材赋予了更高价值、做出了与众不同的菜肴的人。

> 当一切都成为必需品时,重要的就是设计和传递价值的能力。这就需要创造性和以设计为主的思维。

>>> 思维方式的改变

芬兰的一家大型公司过去常常会花费三十天时间来

讨论跨国项目，而在使用了我设计的平行思考法之后，他们现在只需要两天时间就可以完成这个过程。

加拿大 MDS 公司估算出，他们在使用平行思考法后的第一年就节省了 2000 万美元。

德国的西门子公司估算出，在他们使用这种思考方法后，产品开发时间缩短了 50%。

我曾为南非一家钢铁公司设立了多个工作坊，他们通过使用平行思考法的一个技巧，仅用一个下午的时间就产生了 21000 个新想法。

英国组织了一些失业的年轻人接受 6 小时的平行思考法优化教学，随后，当地的就业率增加了 5 倍。

》》思考价值

这本书的目的不是告诉人们和组织该如何按照自己的价值观行事，而是告诉人们和组织如何来简化思考价值的过程。本书将提出新的价值思考方式，并提供相应的思考框架。

说到底，思维是我们人类拥有的最重要的资源，而且它还有很大的改进空间。书中介绍了六枚价值牌，并将向你展示如何运用它们。你将学会为价值打分并绘制地图,这将会为你在生活中做出各类决定提供必要的工具和帮助。

第一部分

六枚价值牌

EDWARD DE BONO

第 1 章
价值

我们何时需要进行价值评估?

几乎所有的思考和行动都要考虑其价值。忽视价值是不可能的,因为我们做的每一个决定都涉及价值。

▶▶ 决策

大体上,有两种类型的决策:

1. 决定是否做某事。例如是决定往前走还是待在原地不动。

2. 在多个备选方案中做出选择(备选方案可能也包括什么都不做)。

当考虑是否要继续优化一件新产品、一项新服务或一个新项目时,当在日常生活中做决定时,我们都有必要进行价值评估:

- 这个项目会赢利吗?

- 这个项目将如何影响现有业务？
- 客户会认可的价值是什么？
- 这将如何影响组织在竞争中所处的地位？
- 这将如何影响环境？

从个人角度来说，你可能会问：

- 这会对我的幸福感产生什么影响？
- 这会对我的家庭产生什么影响？
- 这会对我的财务状况产生什么影响？

这样的问题还有很多。

每个问题都要求我们对某种特定类型的价值进行评估。如果评估结果是没有价值甚至是负面价值，那么这个项目就不值得被考虑或执行。如果它在某一方面价值很高，那么也许可以弥补它在其他方面相对较低的价值。然而一般来说，项目的整体价值等于它最短板的那个方面，这个道理就像环环相扣的锁链一样。有利润但客户价值低的产品不太可能成功，让顾客高兴却让员工不满的事情也并不是一个好主意。所以，我们最好避开那些在其他方面有很高价值却会破坏环境的事情。而那些会让你快乐却给你的家人带来严重困扰的事情也可能不值得你去做。

▶▶ 价值扫描

做决定其实就是在各个备选方案之间做出选择，我们需要对每一个备选方案进行价值扫描以评估其价值。这种价值扫描结果的对比形成了决策的基础。例如，一个国家应该专注于大众化的平价旅游模式，还是高端价位的精品旅游模式呢？

决策如果不基于价值观，就没有太多选择。你可能会因为他人或公众舆论的要求和压力而做出决定，你也可以根据某种信号以常规的方式来做出决定，你还可以根据自己的风格而不是事实来做出决定（例如"我经常做那种决定"）。这种带有个人"风格"的决策方式导致了许多非常成功的政治家走向失败。你当然也可以随机做出决定，然后在事情发展的过程中试图纠正它们。

> 如果价值对我们的思维会产生诸多影响，那么进行价值扫描并从中确定用于决策的价值就是有意义的。

就像某些小型建筑的建造者会使用水平仪来测量水

平线一样，我们需要对决策进行频繁的价值评估，以确保事情沿着正确的方向推进。

在许多情境中，价值扫描都是必不可少的，我们将通过其中的一些情境让你感受到在任何决策中进行价值评估的重要性。在后文中，你将会详细了解这六枚价值牌，然后我将告诉你如何利用它们来进行价值扫描。

≫ 观点选择

创造性思维和刻意的水平思考法常常会产生大量的新想法。那么我们该如何评估这些想法？其中哪些需要做进一步思考？哪些是有希望成功的？哪些是下一步要做的？哪些是值得投资的？每个想法对应的是怎样的价值？

所有这些问题的答案都建立在价值扫描的基础上。一个新的想法可能仅仅由于新颖和与众不同而被注意到，但如果它没有其他价值，那么光是"新颖"可能还远远不够。

资源分配

通常情况下,并没有充足的资源供我们同时做所有事情,所以我们必须考虑如何来分配资源。这些资源是否应该用于市场营销?这些资源是否应该用于改进产品?我们是否应该将资源投入培训中?你应该如何花费你的收入——例如,你是选择买新房子还是支付孩子的学费?

所以你有必要放眼未来,并预估每个决定的可能后果。价值将如何被传递?价值会受到怎样的影响?当你展望未来的时候,你要寻找什么?答案是,你要寻找价值的变化,无论在企业层面还是个人层面,都是如此。

时机

接着我们要考虑的是时机的选择。我们应该立即采取行动吗?我们应该近期就启动项目吗?或者我们应该晚一点做?我们应该先等事情有所变化吗?我们能在不评估价值的情况下做决定吗?

▶▶▶ 削减成本

削减成本是所有审查的必要组成部分,其目的通常是通过裁掉那些看起来可有可无的部门和人员来降低成本。就个人层面而言,这可能包括减少家庭预算或获得更好的抵押贷款协议。

同样,这个过程也是在审视改变的后果并评估其价值。在这些情况下,可以进行两种价值扫描:

1. 评估待决策部分的价值和贡献,即,它的价值高吗?

2. 对比削减或外包某一部分后的情况,评估其改变后的价值产出。

我们要知道,任何事情都不会自动高效地运行,所以定期审查是必不可少的。经过日积月累,事情可能会变得越来越复杂。因此我们需要定期审查,尝试找到更简单的做事方式。

▶▶▶ 设计

设计的核心目的就是把东西组合在一起"发挥价

值",很显然在这一领域内,价值受到了密切关注。

> 没有强烈的价值意识,就不能称之为设计。

设计师必须时刻牢记自己想传达的核心价值,这是设计的主要目的。汽车首先必须能够载客,然后再考虑其他次要的价值,比如价格、舒适度、品牌、外形、耗油量以及二手车的转卖价格等。此外,还有一些要避开的负面价值,例如高额维修费、有害环境、廉价外观以及载货缺陷等。

>>> 策略和计划

你需要先设计一个策略,再决定是否使用它以及何时使用它。

不以价值为驱动的策略根本谈不上是策略。

我们追求的是什么?我们必须尽量避免什么?这个策略该如何实施?在实施过程中会涉及哪些价值?这些价值也同样适用于商业战略和个人生活规划。

创业

任何一项新业务的设计都涉及价值评估。它提供给潜在客户的价值是什么？商业价值是什么？为什么这个业务可以赢利并持续开展？

对价值的忽视导致了"网络公司"（dot com）现象的兴起。网络公司提供的唯一价值是投资该公司后几乎可以立即将股票卖给其他投资者并获得利润。这与庞氏骗局提供的价值完全相同，在这种骗局中，拆东墙补西墙，用新投资人的钱来向老投资者支付利息。

价值扫描可以帮助我们解决某项决策是否应该做的问题。更重要的是，价值扫描决定了创业理念的设计和修正。

在个人角度，决定着手做一些新的事情也会涉及这种价值扫描。无论是一段新的关系还是一份新的工作，生活中任何新事物的开始都会得益于对其价值进行的全面评估。

▶▶▶ 争议

争议和矛盾的产生通常是因为价值冲突。争议中的每一方都想追求自己的价值最大化——而它的代价往往是牺牲对方的价值。

争议可以通过调解、仲裁或法律途径来解决,也可以尝试去发现和消除引起争议的原因。

在所有情况下,最好的方法都是尝试着设计出一种对双方都有利的推进方式。这就需要对争议各方的价值都有充分的理解,因为缺乏这样的理解就不可能设计出令各方都可接受的推进方式。

▶▶▶ 分析和价值

分析是为了更好地理解我们周围的世界,以便我们能够传递和享受价值。

如果你饿了,那么吃东西对你来说就是有价值的。如果再增加一些社交价值,例如你想去餐厅吃饭,那什么会对你有所帮助呢?一份城市餐厅指南对你就很有价值。

我们的主要思维习惯是分析,这样我们就能辨别常见的情况，然后使用标准答案来处理。这是一种优秀的思维方式，但也存在一定的风险。

假设情况发生了变化，那么标准答案就可能不再合适，甚至还有可能是危险的。所以我们需要通过价值扫描来评估标准答案在特定情况下是否仍然适用。

如果你饿了想去餐厅吃饭，但同时你为了买房正在拼命存钱，那么你的价值追求就已经改变了。你可以继续选择去餐厅吃饭，但这会对你的银行账户余额、买房计划和家庭的未来财务安全都产生负面价值。

>>> 感知和价值

价值会引导和改变我们的感知，同时感知也会改变我们的价值。

如果你将某人视为竞争对手，那么无论他做了什么，你对他的评价都会受到这种看法的影响。

如果你认为某人的行为是出于恐惧而不是激进，那么你对这种行为的评价就会有所不同。

除非有特殊的干预，否则我们很难保持中立的感知。通常都有某些价值在驱动感知。例如你在饿的时候对三明治的感知，与一个不饿的人对三明治的感知，肯定是不一样的。

因此，我们可能需要做一个价值扫描，来看看具体是哪些价值会驱动我们的感知。

> 在某种程度上，感知是关于我们如何看待周围世界的无意识的选择。正因为它是无意识的，除非能看见起主导作用的价值，否则我们无法控制自己的感知，除非能找出背后起驱动作用的价值。

有些人错误地认为，我们看待事物时最初是持客观态度的。实际上，无论我们是否意识到自己的价值观，它们都会决定我们的感知，而我们看到的事物往往会与这种感知保持一致。

逻辑和价值

有些人相信，决策完全是以逻辑为基础的，即先收集相关信息，然后进行逻辑思考。

这确实有效，但只适用于少数情况。假设发生了机械故障，逻辑分析可以引导你找到故障的原因，然后你就可以把它修好。

逻辑可以帮助你决定如何做，但不能回答你想要做什么。

你是想赚更多的钱并给股东更多的回报，还是想花钱提升营销能力？你是想升职加薪，还是想从事自己更喜欢的职业？最终你的价值观会为你做出决定。

例如，逻辑告诉你，可以通过只提供一种颜色来降低产品成本，就像亨利·福特的名言："只要车是黑色的，顾客就可以把它漆成自己想要的任何颜色。"同时逻辑也会告诉你，在竞争激烈的市场上，顾客可能不喜欢这种颜色，转而从你的竞争对手那里购买。那么此时，你的价值倾向是什么？

逻辑善于找到达成目标的最佳途径。逻辑甚至可以"决定"目标。然而，真正决定你想要做什么的是你的价值观。

逻辑会告诉你在寒冷的天气里需要买一件大衣，也会告诉你黑色大衣既耐脏又百搭。但你的价值倾向最终会决定你要不要买大衣。

我们面临的真正的困难在于，任何基于价值观而做出的决定在事后总能被"合理化",这一点和完全基于逻辑而做出的决定是一样的。

如果你爱喝红酒,你会信誓旦旦地说它对健康有益,因为红酒中的多酚类物质可以阻断一种使脂肪沉积在动脉中的酶,从而降低心脏病发作的概率。于是你可能会选择忽略"只有适度饮用红酒才对身体有益"这个事实。

也许有些人真的是出于健康的原因才选择喝红酒的,但也有人只是以此来为自己的选择增加合理性。无论如何,基于红酒对身体有好处而选择它是一种有价值倾向的选择。那么,你的价值倾向是活得久,还是活得快乐,或是两者兼而有之?

通常,为自己的决定赋予合理性没有坏处,但有两个例外:

1. 我们可以为情绪化的错误决定来寻求合理性。但如果我们很善于进行合理化,那么我们甚至可能不会意识到这个决定到底有多糟糕。

2. 如果我们开始相信自己的决定是完全符合逻辑的,那么更危险的是我们可能会忽视价值倾向,甚至可能没有意识到它们是如何影响我们的"逻辑"决定的。

>>> 价值和情感

情绪和价值是一样的吗？不，价值是引发情绪的潜在驱动因素。

如果有人侮辱你，你会有情绪上的反应。这意味着发生了什么？这背后的价值倾向是什么？

如果有人对你表现出攻击性，那么你必须做出防御。此刻你不想被打倒，不想"输"，如果用部落的概念也可以说是不想被支配，因为你不希望别人看到你被羞辱而毫无反击。

这背后是一种文化价值，告诉你不应该接受被人侮辱。

你的自我印象可能会受到轻微的损害，你可能会想，也许他说的是对的？

另一种完全不同的价值倾向则会认为，除非你自己感到了被侮辱，否则就不算真正被侮辱。因此你不会感到沮丧，反而会觉得好笑。

如果你的价值受到了威胁，情绪会反映出你对这种威胁的感受。这同样也适用于快乐。当价值被满足时，我们会感到快乐，并可能会表现出这种快乐。

一个人因为工作做得好而被认可和赞扬,那么此人会感激这种认可。这其中就包含了"被人关注"的社会价值。

第 2 章
负面价值

有些人不喜欢"负面价值"这个词,因为他们觉得这个说法自相矛盾。毕竟,你会说"负面成功"或"负面好处"这种词吗?

但有些事情确实会造成伤害和破坏。如果把污水倒进河里,就会对生态造成破坏,而侮辱他人同样也会对人际关系造成伤害。

一个人的行为举止在某些情况下产生负面影响的可能性,几乎和按照预期形成正面影响的可能性一样大。

如果我们使用像"伤害"和"破坏"这样的词来进行描述,就会使负面影响和正面影响的衡量标准变得完全不同。而使用"负面价值"这个词,则可以让它们处在同一个衡量标准上,这样就可以同时去考虑所有方面。

影响

不管"价值"这个词的根源是什么,我们都可以把它的意思扩展到用来表示"影响"。无论我们做什么,都有可能会对其他人或其他事产生影响,也可能是对自己产生影响。

当这种影响是正面的时,我们称其为价值。当它是负面的时,我们则称之为伤害、破坏或代价。

在我看来,应该放宽"价值"一词的含义,因为它可以包含任何形式的影响。如果影响是正面的,那么我们就直接使用"价值"这个词,因为它本身就有积极的意味。而如果我们想说明这种影响是负面的,那么我们就可以使用"负面价值"这个词。

不管语言纯粹主义者怎么想,"负面价值"这个词都很好理解。在任何情况下,语言必须随着环境而发展和改变。如今人们前所未有地高度关注着环境问题,所以我们也需要一个词来表示对环境的负面影响,同时也需要考虑常规的表示正面影响的词。

例如,在河上建造工厂可以节省时间成本和运输成本,这些都是重要的价值。另一个价值是劳动力供给问题，因为人们通常都住在河岸边。而主要的负面价值则是污染河流的风险。

通过这种方式，我们可以同时关注两种类型的价值。

如果我们提高化妆品的价格，就会有更多人觉得它们是高级货，他们会用看待高级货的眼光来欣赏这些化妆品，更加喜欢它们，也会愿意为它们付更多的钱。如果他们认为产品更好，那么产品也可能会给他们带来更多的好处。我们可以把这些都看作价值。而提高价格的一个负面价值是一些现有的客户将无法继续购买该产品；另一个负面价值是在较高的价格区间里，我们将与拥有充足营销预算的优质产品竞争。此外，还有一个可能的负面价值是有些人会认为价格上涨是在"敲竹杠"，他们会想知道我们为什么会涨价。所以，提高产品价格既有正面价值，也有负面价值。

那为什么我们不直接说"积极影响"和"消极影响"呢？因为"价值"这个词在我们的文化和思维中根深蒂固，很难用"影响"这样的词来替代。

> 基于这一事实，本书中的"价值"一词保留了它的传统用法，含义是"积极的影响"。

此外，现在有了一个新的术语——"负面价值"，但它丝毫没有损害"价值"这个词本身的含义。事实上"负面价值"一词还强化了人们对"价值"带有积极含义的理解。

显而易见，我们的语言已经发展出不同的词语来分别表达事物的积极和消极方面。"礼貌"的反面是"鲁莽"，同时我们也会说"不礼貌"，因为这个词同样意味着缺乏礼貌或行事鲁莽。所以我们也可以说"不是有价值的"，但是这听起来要比"负面价值"烦琐得多（而且也很少听到这种用法）。

▶▶ 审视价值

我们不习惯于经常审视价值，因为它似乎是很模糊的。当然价值很重要，但要聚焦则很困难。我们似乎知道价值是什么，也知道它很重要，但却很难过多地关注它。

一个男孩觉得某个年轻女孩很有吸引力，这是客观事实，但是他很难解释为什么那个女孩会如此迷人。同样地，我们可以决定我们"喜欢"某样东西，但很难解释驱动这种"喜欢"的价值倾向。

综上,本书中提出的思考框架将使我们更容易聚焦价值,更容易看到价值,更容易就价值问题向他人提问与交流。

第 3 章
思考框架

注意力引导框架很简单,但在实际操作中却非常有效。如果没有这样的思考框架,注意力就很容易分散,或者只会被明显有趣的东西"吸引"。

后文中将介绍注意力引导框架。就像本章描述的其他框架一样,它简单而且效果明显。没有什么比"简洁有力"更高效的了。

> 本书中给出的思考框架旨在帮助我们在进行价值评估时关注到不同类型的价值。

让我们首先来看看其他一些可以用来引导思想的思考框架。

≫ 注意力

请你闭上眼睛,等待一分钟,然后睁开眼睛。现在你看到了什么？

你什么都能看见，是吗？你没有盲点，多半也没有会影响视力的偏头痛。你眼前的一切都和一分钟前的一样。你知道一切都是它应该有的样子，但你真的都看到了吗？

请你看向正前方，然后把视线向右偏转 20 度，现在抬头看天花板，详细描述你所看到的场景。你之前可能从来没有注意过其中的细节，而是把它们看作"整个场景"的一部分，但把某样东西看作整个场景的一部分和把注意力集中在特定范围内所看到的结果是完全不同的。

我们不可能同时注意到所有的事情，那么我们关注的是什么呢？

我们只关注重要的事情。如果你在开车，你会注意红绿灯、路标、行人和其他交通工具。这些事情很重要，我们都知道这一点。

如果有朋友带你去观鸟，你看到两只鸟在闲庭信步，你不知道该关注些什么，直到朋友建议你去看那只雄鸟的头部。你专注于此，然后突然发现整个场景都变得更有趣了。

重要的事情会吸引我们的注意力，有趣的事情也会吸引我们的注意力，我们被告知需要关注的事情同样会吸引我们的注意力。

但被吸引和被引导有很大的区别。

有趣的事情会吸引并抓住我们的注意力。例如，一个穿着亮粉色西装的男人会引起我们的注意。"吸引"这个词暗示着事物本身就会把我们的注意力引过去。

而在上面的视觉练习中，你"引导"着自己的视线向右偏转了20度，然后转向天花板，这就是在引导自己的注意力，因为这些地方可能根本没有什么值得看的。

>>> 东西南北

指南针的指向很重要，因为它提供了可以用来引导注意力的框架。你可以让某人"向东看"，也可以让某人"往南边开车"，还可以用"教堂西侧"来描述房子的位置。

"左"和"右"也是类似的方向框架。当你要过马路时，一个路标可能写着"向右看"，提醒你注意右侧来往的车辆。你也可以这样向某人描述一幅画："在这个女人头部的右侧可以看到一个很大的盾形纹章。"

》》他人的观点

在我为学校设计的思考课程中有一些特定的"注意力引导"工具。这些工具就像指南针或者左右指示牌。你可以自己或让他人以特定的方式来引导你的注意力。例如,"他人的观点"这一工具(Other People's Views, OPV)就是要"将你的注意力引导向其他参与者"的思维方式。

我的某个学生通过使用类似这样简单的注意力引导工具,将南非某些部落间的冲突从每月200多次减少到每月4次。在一个案例中,两名地下机车司机卷入了一场斗殴。其中一个对另一个说:"让我们用一下'他人的观点'这个工具吧。"于是打斗就这样结束了。在一些国家,这类思考课程现在已经成了学校的必修课。此外,它们也被用于工厂和工业领域。

哈佛大学戴维·珀金斯(David Perkins)的研究表明,90%的思维错误都是感知错误。如果你对事物的观点不正确或不全面,那么无论你的逻辑多么优秀,由此产生的行动都将是不恰当的。

> 注意力引导工具有助于我们拓宽和丰富感知。我们不再需要等待事物来"吸引"我们的注意力,而是可以按照我们的意愿,有计划地、系统性地引导我们的注意力。

六顶思考帽

辩论实际上是一种相当粗糙的讨论方式。双方都有自己的观点,都在试图为自己的观点进行辩护并攻击对方。

如果公诉人在法庭上发现一个对被告有利的观点,也许公诉人会选择永远不透露出来。同样地,如果被告的辩护律师发现了对原告有利的观点,他也可能不会提出来。因为他们是在打官司,而不是讨论问题。

通过六顶思考帽中所说的"平行思考",每个人随时都能以同样的方式来引导自己的注意力。比如当我们戴上白色思考帽,那么我们每个人的注意力就都会集中在信息上:我们有什么信息?还需要什么信息?缺少什么信息?我们应该问什么问题?

当我们戴上黑色思考帽,那么我们每个人都会关注"潜在风险":什么地方可能会出错?为什么这种方案可能不适合我们的情况?潜在的问题和短板是什么?这就是批判性思维的思考帽。

六项思考帽都是如此。我们通过这种方式就可以对特定主题进行方向一致且方法客观的讨论。每个人都在尽可能客观地探索这个主题,而不仅仅是提出一个观点或案例。

这种方法已经在全世界范围内被广泛使用,从学校里 4 岁的孩子,到西门子公司、杜邦公司和 NTT 这样的大公司均如此。通过使用这种方法,会议时间可以缩短到平时的四分之一甚至十分之一。这种方法能让每个人都提出最好的想法。更有一些公司声称,通过使用这种方法,它们已经节省了数百万英镑。

> 六项思考帽本质上是引导注意力的方法,同时强调一次只做一件事。

▶▶▶ 六双行动鞋

我还为"行动"设计了一个框架。这个框架确定了六种主要的行动风格，这样你就可以确定哪种风格（或哪几种风格的组合）是恰当的。这个框架就是六双行动鞋。

这个行动框架是我在一次与几名高级警官的讨论中诞生的。他们抱怨说很难通过训练让新警员知道在各种各样的情况下该怎么做，比如照顾走失的孩子、写报告、追捕武装罪犯、在法庭上作证、在街上巡逻、调查家庭暴力案件等。六双行动鞋框架可以让受训警员识别出在特定情况下所需的行动风格或风格组合。它的主要价值在于能让警员自己来确定当下需要的行动风格。

▶▶▶ 感知

你能看到一些没有被命名的东西吗？物理意义上你当然是可以看到的，但你可能没有"注意到"它，因为这个东西可能根本不会在你的脑海中出现。

桌子的角其实只是两条边的交汇处。"角"这个词是很恰当的描述，但并不是桌子所独有的。假设桌子的角有一个专门的名字，比如"桌角"，那么你可能就会开始注意到它了。桌子设计师也可能会就此开始更多地关注桌角设计，于是渐渐地，桌角就会成为桌子的一种特征，你甚至可以根据桌角的设计风格来分辨出它是哪位设计师的作品。

如果你知道了门的顶部被称为"门楣"，那么你可能就会开始关注历史建筑的门楣。你会和人讨论门楣、了解门楣，因为这比和人聊"门的顶部"要容易得多。

当很多人聚集在一起时，他们往往会很兴奋，甚至会觉得喘不上气。这是因为过度呼吸会大量消耗血液中的二氧化碳，其结果是大脑中的血管收缩，导致到达大脑的氧气减少。缺氧会降低人的警觉性，甚至可能令人进入半催眠状态。这意味着人群会很容易被意见领袖和周围人的行为所影响。如果我们有一个专门的词来形容这种"催眠状态前的缺氧阶段"，就更有可能认识到这种状态并对其进行讨论。

"避免给人擦屁股"这个说法不是很优雅，但很有表现力。它可以让我们关注、讨论和描述一种非常具体的行为：为了避免遭受无妄之灾而做的事。

"邻避"这个词在政治上的含义是你完全支持要做某

件事，比如为吸毒者建一个家，但你不希望由你所在的选区来做这件事，即这个吸毒者之家可别建在我家边上。

综上，给某件事起个名字能让我们更有效地认识和处理它。本书中我也会给价值起一些名字，以使我们能够发现和关注到这些价值并采取行动。

≫ 目的

所以搭建思维框架的目的有两个：

1. 思维框架允许我们按照自己的意愿去引导注意力，也允许我们要求其他人以某种方式去引导他们的注意力。注意力不再是从一个点跳跃到另一个点，也不再只被看似有趣的事物所吸引，而是可以使人关注那些一开始不那么有趣、但最后却变得很重要的事物。

2. 通过思维框架，我们会给某些事物命名，以便寻找、观察并关注它们。

第二部分

六枚价值牌

EDWARD DE BONO

第 4 章
六枚价值牌

奖牌是一种表彰特殊功绩的奖励形式。在奥运会中，项目获胜者会被授予金牌、银牌和铜牌。在许多国家，有重要贡献的人会被授予特殊的奖牌。

功绩和奖牌之间的关系在战争年代里也很明显，许多人因为勇猛和果敢而被授予奖牌。

奖牌的奖励含义并不是在地位或金钱意义上的，它代表着对功绩的认可。

六枚价值牌理论上也是对功绩的认可，这里的功绩指价值的高低。

>>> 象征物

正如平行思考框架中的思考帽是一种象征物一样，价值评估中的象征物就是"价值牌"。

我们可以借助这个象征物来组织自己的思维。其他人知道了这种框架后，就可以使用象征物来进行交流，例如：

这里的银牌价值是什么？

这种体系的一个优势在于它是完全由人来定义的。我们定义了"价值牌"这种新的象征物，也就创造出了一种新的玩法。

假设你想让某人按照某种方式行事，你可以尝试说服他，但效果往往并不长久。如果你成功说服了他，他的行为可能会发生变化，但这种变化通常只能持续一周，除非有什么东西能"锚定"他的行为。而价值牌的象征意义就提供了这种"锚"。

无论现实生活多么美好，人们的立场和态度都是很难建立起来的。这就是为什么宗教里会有这么多的象征意义。宗教的仪式和符号承载着这些立场，并不断地提醒人们以加深认知，久而久之，人们只要看到或想到这些象征物，对应的立场和态度就随之而来。

如果你瘫坐在沙发上远离了现实世界，你可能会认为创造新的概念和象征物毫无必要。但在现实世界中，这样的象征物确实可以产生巨大的影响。这就是为什么哲学经常会与现实世界脱节。

保加利亚在早年由共产党执政时期就开始在学校里教授我的方法。他们问一个来自普罗夫迪夫镇的9岁女孩："你在日常生活中会用到在思维课上学到的东西吗？"

她回答："是的，我在日常生活中一直在用。甚至在日常生活之外我也会用，比如在学校里！"

>>> 专注

你不可能同时看到所有方向，所以就需要有指南针来对你进行辅助。

> 如果你让某个人去寻找"所有价值"，这会是一项极其复杂的任务。我们可以把不同的价值进行分类，通过这种方式把不可能变为可能。所以你现在一次只需要看一个方向，这种专注是非常重要的。

你现在可以每次只探索一种类型的价值，这比一直关注所有价值要具体得多，也更有针对性。

我们的注意力总是倾向于遵循着最简单的路线不断转移，类似顺流而下。而通过价值分类就可以防止这种转移。你可以阻止自己的注意力转移到正在探索的范围之外，因为你会意识到明确的探索边界。你也可以阻止别人在探索价值的过程中注意力飘忽不定。

基于所有这些原因，六枚价值牌的框架有很多实际用途，而且都是我们在付诸实践之前不容易看到的。

》》材质

六枚价值牌的材质各不相同。我选择这些材质是为了提供相关的隐喻，希望通过材质让人联想起价值牌和它所代表的价值之间的联系。例如，"木牌"象征着自然、环境和生态。

在频繁使用的情况下，大家可能会省略"价值牌"一词，所以你可能会直接说"银牌"，而不是完整的"白银价值牌"。

六枚价值牌简介

我们先快速了解一下这些价值牌，后文中将通过单独章节对每块价值牌进行详细介绍。

金牌：这块价值牌是关于人的价值，也就是那些对人有影响的价值。黄金是一种贵金属，而无论如何，人的价值也是所有价值中最重要的。那么，这里人的价值是指什么呢？

银牌：这块价值牌直接关注组织的价值。这意味着它是与组织目标相关的价值（在商业场景中，目标通常就是赢利能力）。白银和钱有关，而组织在实际运作中也会有相关价值，例如成本控制等。这里说的组织可能是一个家庭、一群朋友或某个俱乐部。

铁牌：这块价值牌与质量价值有关。钢铁是坚固的，其对应的价值应该符合预期的方向。例如，某个产品、服务或功能的价值是什么？如果产品是茶叶，那么它是优质的吗？

玻璃牌：这块价值牌包含了一组价值——创新、简单和创造力。玻璃是一种源自沙子的非常简单的材料，但是利用玻璃来发挥创造力就可以做很多事情。

> 木牌：这块价值牌对应的是广义上与环境相关的价值。例如某事对环境、社区、他人有影响的价值是什么？同时，这些价值也与没有直接参与的事物和人有关。
>
> 铜牌：这块价值牌和认知价值有关。例如，某个事物是如何出现的？大家会怎么看待它？即使与事实不符，认知也是真实存在的，这就像黄铜有时候会看起来很像金子。

我将在后续章节中对每一枚价值牌进行详细介绍。

如果你要颁发一块特殊的价值牌，那么你肯定会仔细研究需要做出什么功绩才能得到这块价值牌。而六枚价值牌的用法正是如此，例如：

这件事情的铜牌价值是什么？

第 5 章
金牌价值

黄金非常值钱，也不会失去光泽。奥运会各个比赛项目的冠军会获得一枚金牌。六枚价值牌之间有等级高低之分，而金牌则是最有价值的。这并不奇怪，因为归根结底，人的价值必须放在第一位。

> 如果忽视人的价值，就会有剥削、奴役和暴政存在。文明的全部目标就是努力实现对人类价值的共同关注。

〉〉评估金牌价值

在评估金牌价值时，我们可以关注被提议的变革可能会产生什么影响，或是对现状进行审视。

变革中的金牌价值

有人提议要进行一次变革或启动一个新项目,那么我们需要关注它会对人的价值有什么影响。例如:

这会如何影响金牌价值?
你考虑过金牌价值吗?
我怀疑这将会对金牌价值产生重大影响。

在组织中,任何变革对利润或经营造成的影响都会被考虑在内。在我们的个人生活中,我们也倾向于密切关注各种变化对经济财务产生的影响。如果这两种场景下的影响都是负面的,那么我们就不会推动改变发生,而我们对人的价值的影响可能就没有进行充分考虑。如果做某件事具有强有力的经济原因,那么负面的金牌价值(例如裁员)也无法阻止这种改变。毕竟,如果一个组织不复存在,组织中的每个人都会失业。

同样,我们可能会为了一个收入不菲的工作机会而决定搬去其他城市生活,其中负面的金牌价值就是离开朋友和家人。

如果生存是一种优先价值,那么它可能会凌驾于其他任何价值之上。

金牌价值的现状

在审视现状的时候,我们可以对现有的金牌价值进行评估。它可能存在不足之处,可能还有改进空间,也可能会有新的建议。

例如,一个组织可能会重新审视关于产假的政策,因为它是一种强烈的人的价值。为了留住女性高管,公司可能会变得更加慷慨。在个人层面,你可以审视家庭生活中的金牌价值,例如你是否留出了足够的时间来陪伴你的伴侣或孩子?

》》 人的价值范围

人的价值范围非常广泛,这里列出的只是一些建议,欢迎你在本章末尾的空白处做进一步补充。你自己的经历、特殊情况、价值观都可能会让你产生不同的想法。

基本需求

人们普遍认同的基本需求包括食物、健康、住房和尊重。

获得合理的工资收入使我们能够满足这些基本需求中的大部分。税收体系为民众提供了医疗保障服务，而高福利国家的目标则是帮助那些收入不足以满足自身需求的人也能满足其基本需求。食物这里不赘述，我们谈谈后三项需求。

（1）健康

健康主要有两个方面：

其一，工作场所中是否存在对健康产生负面影响的因素？我们需要对此进行关注和调整。

其二，广义上的健康。这可能涉及医疗机构、医疗服务、咨询和健康检查等。组织提供获得外部医疗服务的机会，也会对民众的健康有所帮助。

（2）住房

住房在这里指的是民众能负担得起的住处，这可能包含了为他们提供经济适用房、提供抵押贷款援助，以及通过便捷的交通方式连接起市区和房价较便宜的郊区等做法。在伦敦的许多地区,在公共服务部门工作的人根本买不起工作地点附近的房子,这就需要交通部门为他们提供便捷的服务。

(3)尊重

尊重是一个很大的词,它涵盖了别人对待你的方式,其中包括尊严、不受歧视和归属感,也包括在相处过程中不存在任何形式的欺凌和压迫,还包括"公平对待"的概念。组织和教育机构有时会通过制定规章制度来保障对教职员工和学生的尊重。而在家庭生活中,则可以使用一些非正式的关于尊重的规矩,使每个人都知道应该如何对待他人。在后文中我们将会进一步讨论这个话题。

摆脱那些……

金牌价值中有很多是负面的。摆脱这些负面价值,你就可以产生正向的价值。

> 摆脱暴政、压迫和欺凌具有非常高的价值。众所周知,学校里的孩子或工厂里工人的生活可能会因为欺凌而变得无法忍受。

学校可以告诉学生在遇到欺凌时该如何应对，教导学生通过尝试金牌价值原则来解决欺凌问题。至关重要的是，要让孩子们知道自己可以获得来自成年人的支持，而不用担心自己遭受的欺凌行为会愈演愈烈。

摆脱歧视和不公也是非常重要的。人类对于"不公平"是非常敏感的。当然，有些人也会给并不存在歧视的事情贴上歧视的标签。所以普遍的不公平感可能比个别人的感觉更为真实和重要。

雇主不能因性别或种族而歧视员工，这一点非常重要。同时，必须让员工在组织内部有渠道可以反馈自己遇到或看到的歧视情况。

摆脱焦虑和不确定性是另一件有价值的事，但都比较难实现。毫无疑问，生活对每个人来说都具有不确定性，由于世界本身就处于变化之中，会不断产生不确定性，所以不太可能会保护人们摆脱这种不确定性。

摆脱暴力是非常关键的。这里说的不只是身体暴力（例如性骚扰等情况），也包括心理上的暴力。

摆脱压力和紧张也是必要的。如果人们有足够的动力去努力工作，那么大家就不会感到压力重重。

心理需求

在实际评估的过程中,心理需求可能比其他需求更为重要,因为其他需求通常会比较容易被考虑并照顾到。

认可是非常普遍而重要的需求。它意味着一个人被"注意到"并受到关注。也许这个人的存在本身就被人认可。例如孩子们如果表现出色就会得到小红花,或者是在运动会、音乐会上受到表扬,这些都会让他们从中受益。

当一家大型公司研发部门的员工被问及希望他们的发现和发明得到什么奖励时,他们的回答是:"认可"。他们希望高层管理人员能够认可他们所做的工作。

赞扬和感谢也是认可的一部分。我们可能会觉得只有特别努力的人才会得到赞扬和感谢。但事实上,我们完全可以对更多的人和事表达感谢。但同时也要注意,一些研究声称如果孩子在学校里做什么都会被表扬,那么他们的学习成绩反而可能会受到负面影响。

声望和"重要性"对一些人来说很重要。也许我们可以通过"月度最佳员工"奖励和其他类似的方式来实现这一点。

简单是一种人的价值。如果流程过于复杂，人就会感到压力。复杂的任务会更容易出错，而人们普遍不喜欢犯错或因犯错而受到指责。

信任是非常关键的价值。例如，员工信任管理层吗？人民信任政府吗？妻子信任丈夫吗？孩子信任老师吗？等等。

肯定是一种价值。人们需要知道自己是否做得很好。

鼓励也是一种价值。如果你觉得有人非常相信你，那么你就会更加努力。有奖金的激励计划可以极大地鼓励员工发挥潜力。孩子们都非常喜欢小星星排行榜，当他们表现较好的时候会得到一颗小星星，集满一定数量的小星星就可以换取奖励。

成就感对每个人而言都非常重要。因此创造看得见的"成就"是很必要的。当孩子做成了某件重要的事情时，举行一个小型的庆祝活动或给他一个奖励都是很有价值的。确实，成年人也应该花点时间来为自己的成就喝彩。

任何时候，人都是需要帮助的，因此能够提供或组织这类帮助是极具有价值的。

朴素的人性温暖是一种在小型组织中比较容易实现

的价值。温暖处在"尊重"之后的下一个阶段,例如我们可以向家人、朋友和邻居表达温暖。

尊严是另一种重要的价值,特别是在人们受到贬低的时候。尊重在这时变得很重要,它既包括普遍意义上对人类的尊重,也包括对每个特殊个体的尊重。

我们需要用希望的价值来激励我们继续前行。在工作中,这可能是对升职加薪的希望;在个人层面上,这可能是对找到真爱、养育子女的希望。

>>> 你的金牌价值是什么

我在上文中提供的只是一些金牌价值的例子。现在,我邀请你在下面的空白处添加更多属于你自己的金牌价值和说明。它们有可能是我漏掉的一些非常重要的价值,也可能是你想用不同的方式来表达的我的某些观点,或者是在特殊的环境和文化中包含的更多价值。

其他金牌价值:

_____

_____

_____

_____

>>> 总结

1. 金牌价值重点关注人的价值。在广义上和特殊情况中,对人而言,哪些价值是重要的?人们是如何被对待的?这个变革对人的价值可能会产生什么影响?目前的金牌价值是怎样的?

2. 金牌价值范畴内会有很多"负面价值"。通常,摆脱或避免这种负面价值本身就具有很重要的价值。

3. 人类首先有基本需求,然后才是摆脱消极价值的需要。很多心理层面的价值也会影响人们的感受,以及工作和努力的方式。

4. 考虑金牌价值时,你需要关注的是人的价值。

第6章
银牌价值

> 银牌价值指的是组织价值。一般来说，银牌价值是那些不包括在金牌价值之内的组织价值。

如果员工不快乐，无法好好工作，就会影响组织的赢利能力。从这个角度而言，金牌价值和银牌价值是有重叠的。所以从某种意义上说，员工的快乐与否就变成了一种组织价值。

在一个复杂的组织中，大小事务都会互相影响。家庭或社会团体也可以被视为一个组织。所以银牌价值不仅适用于企业，也适用于这些团体。

可以说银牌价值的要素之一就是"让金牌价值表现正确"。

银牌价值可以分为两大类：

1. 组织在多大程度上实现了它所选择和预期的目标。

2.组织运作得如何。

以开车为例,第一类价值与汽车是否正在开往目的地有关,第二类价值则与汽车的实际运行情况有关。

>>> 目标

商业组织的目标是什么?

- 可能是出售商品或服务以获取利润。
- 可能是使股东回报最大化。
- 可能是通过提供社会所需的商品或服务来对社会做出贡献。
- 可能是为所有在公司工作的人提供就业机会。
- 可能是继续经营并维持生存。

你可以在这个目标清单上进行补充。总的来说,组织的目标中有两个关键因素:生存和最大化。组织实现目标的机制是什么?是通过售卖商品和服务来获利。

没有必要追求深奥的哲学视角下的目标定义。大多数公司的目标就是出售商品和服务以获取利润。

这种目标的定义将会包括几种银牌价值:

- 商品或服务必须被生产或被组织。

- 商品或服务必须适合销售，也就是对顾客有吸引力，否则就卖不出去。这涵盖了研发、产品设计、产品迭代和市场研究的价值。

- 商品和服务的定价必须正确，无论是从竞争的角度还是从赢利能力的角度来说都需如此。你不会希望以低于成本价的价格来销售商品，但如果价格太高就可能会卖不出去多少商品。

- 然后就是销售链路问题。例如商品和服务是如何到达客户手中的，是通过实体店、代理商，还是互联网电商？

- 人们如何了解到你的产品或服务？为什么你的产品或服务可能比竞争对手的更好？答案是通过广告、公共关系活动和促销。

> 最终，银牌价值要对收入和利润有贡献。价格越高，可能销量就会越低，追求销量则需要采取低价策略。由此可见，赢利能力才是关键。

从股市的角度来看，股东回报可能是所有公司的关键目标。

以上所谈到的都是与组织目标相关的银牌价值。

不同的组织，不同的目标

对不同的组织而言，银牌价值的"目标"类型可能有所不同。

对于一个政党来说，其目标可能是获得更多选票并使自己的党魁当选为政府官员。任何有助于实现这一目标的行动都是银牌价值，而任何阻碍这一过程的行动则都是负面的银牌价值。

慈善基金会的目标是发现和支持有价值的事业。同时它也有知名度和关注度方面的目标——慈善机构可能希望人们看到它在做好事。如果慈善机构正在参与募集资金，那么它的银牌价值可能就与成功筹款有关。例如：

> 建立这个联盟将提高我们的公众形象，帮助我们筹集更多资金。

对于政府来说，其目标可能是要让选民满意，表明政府有所作为。那么保持选民的支持就是政府关键的目标价值。

对公共服务而言，其银牌价值可能是提供更流畅的服务、减少投诉和简化流程。

对餐厅来说，其目标价值可能是提供更多有利润的菜品，同时获得好口碑以确保客流稳定。

在家庭中，银牌价值则可能与财务情况有关。家庭本身的目标可能与经济无关，但钱是维持家庭日常活动的必要条件。

运作

另一类银牌价值与组织的运作情况有关：

- 成本控制做得好吗？

- 生产过程的效率如何？是否要考虑进行外包？

- 目前的组织结构合理吗？

- 招聘合适的人很重要，留住人才也很重要。

- 团队和部门间的沟通非常重要。我曾经听说有一家大公司，它每年付给一家咨询公司2400万美元，仅仅是为了让自己的不同部门能够相互交流。

- 现有的会计程序够好吗？能预防公司常见的重大问题吗？

>>> 不同层面

银牌价值适用于组织内的所有层面。

例如,大学报告厅的有效分配是银牌价值关注的问题,讲师的可用性也是一个银牌价值关注的问题。讲座的质量可能是银牌价值和钢牌价值(见第 7 章)共同关注的。除此之外,员工的停车位和食堂的效率也是银牌价值关注的问题。

在各个层面上,人们都关心如何让事情更顺利、更有效地运作。在家庭中,这些价值也非常重要。小学生的父母需要确保孩子被按时送到学校并被接走,提醒孩子及时参加各种课外活动,并保证孩子在出门时带上了作业、运动装备和饭钱。

在许多情况下,有效性甚至比效率更重要。对成本的关注也带来了效率的要求。运作方式是否有效?组织是否有效?

>>> 解决问题

就像金牌价值一样,银牌价值中也有很多负面价值。

摆脱负面价值往往就会产生正面的价值（详见第 1 章）。

举例而言，负面的银牌价值可能是没能准时交付、仓库容量有问题、信息技术的灵活性不足、车间噪声过大或生产线上出现了故障。

在家庭中，负面价值的问题可能是找不到合适的儿童托管机构，某个自己组装的家具出了问题，或者周末的安排出了乱子。

问题、不足和效率低下都属于负面的银牌价值。只要把这些事情处理好，就能带来正面的银牌价值。

投入一台新机器用于提高产量可以被视为银牌价值，但也可以被视为与质量有关的钢牌价值（详见第 7 章）。

组织内部的创新和简化可以被归为银牌价值，但也可以被归为涉及创新的玻璃牌价值（详见第 8 章）。

这种重叠并不会造成困扰。因为一件陶瓷饰品既可以被看作陶瓷制品，也可以被看作装饰品。一名员工既可以被视为企业的员工，也可以被视为他孩子的家长。

你的银牌价值是什么

和金牌价值一样，我邀请你来补充关于银牌价值的更多例子。这些价值可以被归为目标价值或运作价值。

其中可能有你所在的组织、家庭或团体所特有的价值，也可能有基于你自身经验所了解到的关键价值。

其他银牌价值：

_____

_____

_____

_____

>>> 总结

1. 银牌价值是组织价值。这些价值来源于组织的既定目标。能帮助组织完成目标的就是银牌价值。

2. 不同的组织可能会有不同的银牌价值，比如利润、选票和知名度等。

3. 此外，还有与组织内部运作有关的银牌价值，如成本控制、效率、有效性和沟通等。这其中可能会有很多负面的银牌价值，例如可能存在障碍、问题和不足。而解决这些困难就会产生正面的银牌价值。

4.当银牌价值与其他价值产生重叠的时候,我们就可以从两种角度来看待同一件事。我们可以从两个角度分别来进行评估,也可以选择其中一种来进行评估。

第 7 章
钢牌价值

钢铁应该是坚固的。糖应该是甜的。沟通应该是可以理解的。包裹应该能起到保护作用。头痛药应该能治疗头痛。爱情灵药应该能发挥它的作用。

> 钢牌价值与质量直接相关。那么什么是质量价值？哪些价值有助于提高质量？

>> 顾客价值

有顾客买了一件夹克。夹克的价值是什么？购买价值可能包括价格、款式、店内服务、商店位置等。而夹克的质量就在于夹克本身。

有关于材质的质量，比如它的保暖性如何？耐磨吗？

有关于款式的质量，比如它时尚吗？剪裁合适吗？

合身吗？颜色合适吗？款式合适吗？

还有关于生产工艺的质量。比如它的走线干净整齐吗？内衬是否服帖？

所有这些质量都与夹克和顾客有关，而与生产商的赢利能力无关，与工厂工人的待遇也没有关系。

>> 服务质量

当你在餐厅就餐时，你对食物和服务的质量都会有预期。服务应该快速、高效、不犯错，而且要礼貌且不打扰。如果客人想和服务员进行沟通，那么这种沟通也应该恰当有趣。

从纳税人的角度来看，税收制度应该具有钢牌价值。税收要求必须简单、清晰、明确，而不应该容易令人产生误解或混淆。

从政府的角度来看，税收制度则涉及银牌价值。征收税费对应的成本是多少？这个系统运作顺畅吗？有投诉吗？而在设计系统时则需要考虑纳税人的观点，即钢牌价值。

在育儿方面，父母也在寻求质量。让孩子得到恰当的照料非常重要。托儿所和保育员会考虑银牌价值，即通过提供服务他们能赚多少钱，但他们同时也知道钢牌价值对他们工作的重要性。

以我个人的经验来看，英国银行的服务质量确实很糟糕。它们无视与客户达成的协议，不考虑客户的长期忠诚度，这些都很危险。在英国和其他一些国家，造成这种情况的部分原因是地方分支机构的职能被转移到了中央办事处，而中央办事处却对客户的情况一无所知，也漠不关心。

通常情况下，银牌价值和钢牌价值之间存在着直接冲突。组织为了削减成本（即银牌价值），就会减少或收拢服务，其结果是客户感知到的质量（即钢牌价值）大幅降低。成功的组织会在银牌价值和钢牌价值之间寻求平衡。长期而言，如果组织降低服务或产品质量，就会对客户的忠诚度产生影响。

>>> 功能质量

汽车喇叭应该具有优良的功能质量。它的声音需要足够大，以便对其他司机进行提醒，但也不能大到整条街都能听见。汽车喇叭也许应该具有三个级别的音量：当遇到真正的危险时可以用超大音量来示警，大音量可以用来提醒其他车辆关注正在发生的事情。另外还有一种更温和礼貌的适中音量用来警示行人。如果行人走在马路中间，一辆汽车也想在此时通过，那么司机就需要使用比大音量更"礼貌"一些的适中音量。

门闩也需要有效的操作，马桶冲水系统亦是如此。移动电话的接入和使用需要高质量。计算机屏幕和键盘需要具有优质功能。语音识别软件需要能为客户提供稳定的质量。

质量意味着任何正在做的事情都可能会做得更好。改进和质量始终相伴而行。例如，提高会议质量可以在更短时间内得到更有效的结果，要知道，美国的经理人有多达40%的工作时间花在了会议上。而平行思考就是提高会议质量的一种有效方法。

≫ 质量和改进

钢笔的功能是书写。对应的质量改进可以发生在握笔舒适度、墨水质量、墨水流动性，或许还在钢笔的外观上。钢笔也可以设计得很"昂贵",并传递一种地位的象征(从而也成为一种礼品)。如果现在有人在钢笔上增加了"记录简短信息"的功能,那它属于质量提升吗?

某种角度而言,这支笔的有用性质量确实有了提高。但换个角度来看,增加记录功能并没有改善钢笔作为书写工具的基本质量。

这种创造性的改变被我们归为"玻璃牌价值"(详见第8章)。对钢牌价值而言,做出直接提升是很重要的。如果我们总是在做关于"创新"的改变,可能就永远不会专注于直接的质量改进。

有些时候,在某个方向可能确实难以继续改进了。例如当年轻的福斯伯里(Fosbury)在跳高中发明了"福斯伯里跳"(背越式跳高)时,他的目的是不让自己的屁股撞上横杆。这可谓是一个巨大的进步,以至于从那时起直到现在,所有跳高运动员都在使用背越式的跳高方法,其他方法根本无法与之抗衡了。

所有的改进都需要在某些元素上做出改变。这种改变可以很小,也可以大到足以称得上是创造性的改变。渐进式的小变化和创造性的飞跃都需要被我们纳入考虑。

负面价值

质量改进可能会遇到问题和障碍。对钢牌价值而言，其负面价值的作用可能不如金牌价值和银牌价值来得明显（详见第5章和第6章）。

基于已知问题进行质量提高是一种很受欢迎的方式。如果所有组织都有同样的问题，那么克服这个问题就是整个社会向前发展的好机会。

然而其他方向的行动可能会产生负面的钢牌价值。例如，学校为了省钱（即银牌价值），可能会减少助教的工作时长，其代价则是牺牲教学质量（即钢牌价值）。

对环境问题（即木牌价值，详见第9章）的关注可能会导致使用的材料发生变化，进而导致质量下降（即钢牌价值）。

感知价值

假设你看到了一个简单的木盒子。你不知道它是由一种非常稀有的木材制成的，也不知道这种木材非常难加工，更不知道这个盒子需要由一个经验丰富的工匠花费很长时间才能做好。在这种情况下，你对它的认知价值与真实价值就会大相径庭。

通常对顾客来说，产品或服务的认知质量才是最重要的。坦桑石是一种非常珍贵的石头，因为它只能从世界上的特定地区开采。它的稀有程度应该高于钻石，但在认知价值方面，大家却都认为钻石更有价值。

这样的认知价值就属于铜牌价值（详见第10章）。但在交付的过程中，我们也许有必要传达出交付物真正的价值。

关注质量

铜牌价值与近年来人们对质量的巨大关注非常契合。全面质量管理等体系旨在将人们的注意力集中在铜牌价值上，并为传递这些价值提供路径。大多数组织现在都意识到了质量的重要性。然而这也可能会产生一个小风险：如果将"质量"作为一个术语扩大到可以涵盖组织的所有运作过程和需求，那么对狭义的具体的"质量"的关注就可能会被淡化。

这就类似于使用"批判性思维"来涵盖所有的思维

方式一样。这样一来,这个术语就失去了表达其原始含义的能力,即"带有判断性的思考方式"。

父母们被告诫要和孩子们共度"有质量的时间"。这是对"质量"这个词很好的一种用法,因为并不是所有共度的时间都是高质量的。如果父母和孩子只是坐在同一个房间里,而每个人都在看电视,那么这种共度时间的质量就可能不高。父母与孩子们进行更多的互动才是对时间更"有质量"的利用。

>>> 你的钢牌价值是什么

和之前的价值一样,我邀请你补充自己的钢牌价值。补充的内容可以是你自己对"质量"一词的理解。你认为钢牌价值还应该关注什么?

其他钢牌价值:

_____

_____

_____

_____

总结

1. 钢牌价值与质量有关。产品、服务或功能都是为了某个目标而设计的。质量是指某物在多大程度上达到了其原定目标。

2. 顾客价值属于钢牌价值,其中包括产品和服务。顾客感知到的价值就是顾客所接受到的价值。如果这种感知到的价值低于真正的价值,那么该组织就有必要进行沟通和宣传。

3. 改进属于钢牌价值。改进可以是渐进式的小变化,也可以是创造性的飞跃。重要的是不要为了创造性的飞跃而忽视了渐进式的小变化。

4. 有时候价值之间会有冲突。追求其他价值可能会损害或降低钢牌价值。例如削减成本可能会损害顾客价值。

5. 当前组织对质量的关注与钢牌价值非常契合。

第8章
玻璃牌价值

玻璃这种材料具有一些特殊性：

- 它是由沙子制成的，但最终产品看起来与原始成分没有任何关系。
- 作为一种材料，玻璃相对便宜。
- 玻璃通常是透明的。

我们利用玻璃这种基本材料发挥创造力，就可以创造出令人惊叹的物品。我在意大利的威尼斯拥有一座小岛，它位于世界最著名的玻璃艺术品产地之一的穆拉诺岛的边上。世界上最古老的玻璃工作室的现任老板巴洛维耶（Barovier）和托索（Toso）是我的朋友。这个工作室从1295年经营至今。

> 玻璃牌价值关注的是创造力、创新和简约性。这些价值适用于各个领域。我们的所思所为都可能通过创造性思维而得到提升。

作为一个自组织的信息系统，大脑的神经网络可以把信息按一定的模型来进行组合。这些模型在很大程度上取决于信息到达大脑的顺序。

我们应该感激这些模型，因为没有它们的话，我们简直就没办法生活了。如果你有 11 件衣服，那么它们在理论上就可以有 39916800 种组合搭配的方式。如果你在醒着的时候每分钟尝试 1 种组合，那么从你出生一直试到 76 岁，你才能把所有的这些组合都试完一遍。

正是因为大脑在形成常规模型方面具有卓越的能力，所以我们只需要识别与实际场景有关联的模型，即"穿搭模型"，就可以在平时完成我们的穿衣搭配。

这种奇妙的模型塑造能力让生活充满了合理性，但同时也让创新变得困难。

我们一直把创造力视为一种神秘的天赋或特殊的才能。尽管在艺术领域可能确实如此，但这显然不适用于"观点"的创造。

我用"水平思考"来表示在模型之间跨越式的而非顺承式的思维方式。有一些正式的技巧可以用来学习和使用。我的学生们曾经只用了其中一种技巧就在一下午的时间内为一家公司产生了 21000 个新想法。这些方法现在已经被世界各地的公司所广泛使用。

创新

创新意味着改变，意味着用不同的方式做事，意味着将新想法付诸实践。

新想法可能是通过水平思考产生的，也可能是从别人那里借鉴来的，还可能是通过逻辑分析得出来的。关键在于，这个想法对实施它的组织或个人来说是崭新的。

如果这个想法已经在其他地方被证明有效，那么它的风险就可能会很低。如果这个想法是全新的，那么它的风险可能会更高。

玻璃牌价值就是实现新想法会带来的潜在价值。

玻璃牌价值也源于创新的习惯，以及用来鼓励创新的机制。除创新的产物外，创新精神本身也具有玻璃牌价值。

简化

简化是一种重要的价值。随着时间的推移，事物经过不断打补丁而非重构，会变得越来越复杂。我们没有追求简单化的自然倾向，所以必须经过深思熟虑，寻找到一种更简化的做事方法。

简化可以省时省钱。它可以减少焦虑和错误。它让事情更容易纠正、学习和维护。

从简化中产生的价值就是玻璃牌价值。复杂烦琐和缺乏简化都是负面的玻璃牌价值。

简化本身必须被视为一种价值，这样每个人就会去尝试简化事物。创造力和水平思考可以帮助我们发现更简化的做事方法。

>>> 创造力

这里指的是真正去产生新的想法。有的新想法可能是偶然发生的，有的想法可能是由不同事物碰撞出的火花触发的。有些人已经形成了创造性的态度和技能。传统的思考方式如头脑风暴，方向是正确的，不过实施起来比较弱。水平思考则是一种正式的、系统创新的工具，值得学习和使用。

有价值的新想法在事后复盘都是合乎逻辑的。如果它们事后看起来不合逻辑,那么我们就无法对其表示赞同——因为那都是些疯狂的想法。也正因为新创造的想法看起来符合逻辑,所以2400年来人们一直声称并不需要创造力,只要有更好的逻辑性,就能产生新想法。

这种完全错误的想法是因为人们缺乏对大脑的认识。大脑是一个自组织信息系统,擅长创造不对称的模型,你也许无法把握这种模式的核心,但如果你以某种方式找到了路的一端,那你就可以很容易地沿着路找回来。

正是这种新的"合乎逻辑"的创造性方法使水平思考变得如此强大,以至于你不再需要等着灵感找上门来。

创新文化

一个组织是否具有创造力取决于该组织的文化,这通常是由其领导层决定的。

许多组织都有一个不为人知的座右铭,类似于"不要冒险创新,但如果别人的创新被证明有效,那就立刻跟上"。这种"模仿"策略并没有太大的错误,但在许多情况下,第一个进入该领域的人始终是领跑者。

那些害怕创新的人主要有两个顾虑:

1. 任何创新都有风险,没有人愿意因为犯错而受到指责，但却没有人会因为没抓住机会而受到责备。

2. 如果每个人都在尝试创新，那么他就会左顾右盼而忽视了自己的日常工作。同时，如果所有的东西都一直在变化，那么就很容易发生混乱。

当然，这些都是比较极端和夸张的说法。

我需要强调的是，玻璃牌价值体现在两个方面。首先是创新的普遍价值，其次是所提出的想法的具体价值或益处。

很多时候，有创造力的人往往会认为有了创造性的想法就足够了，他们享受的是创造的乐趣，而具体的评估和使用这个想法的任务就交给别人了。这种态度的缺陷在于"新奇"本身并不一定能吸引其他人，创造者应该认真努力地展示这个想法的玻璃牌价值，通过真实的利益而非新奇性去说服他人对该想法进行探索和尝试。

>>> 脆弱

玻璃易碎，与之相似的是，新想法也非常脆弱，需要我们对其进行保护和培育。如果一个想法甫一问世就受到了猛烈攻击，那么它的创新工作将是非常困难的。

在任何新想法被正式运用之前，它必须表现出其潜在收益性超过了风险因素。因此，它在最后阶段的评判可能会有些苛刻。但在这个阶段之前，我们可以通过建设性的努力来发展和改进这个想法。

我们同时还需要关注如何对新想法的效果进行预先测试。如果我们一开始就设计了"预先测试"环节，那么新想法就可能更容易被接受。

▶▶ 潜力

下面让我们来进行关于玻璃牌价值的思考。当前某个新想法能传递什么样的价值？我们看到了它的什么潜力？

分析和潜力之间有很大的区别。你可以分析过去，但对于未来，你只能进行设计。你需要挖掘各种可能性，然后设计出一种方法将这些可能性变为现实。

其中最重要的是要有创造精神，并做出富有创造性的努力。

如果你嘉奖了那些富有创造性的努力，那么你就会得到富有创造性的结果。但如果你嘉奖的是创造性的结果，那并不意味着你会得到创造性的努力。

原因是，每个人都有能力做出创造性的努力，但却不是每个人都相信自己有能力获得创造性的结果。

>>> 你的玻璃牌价值是什么

和前几章一样，你可以把自己的玻璃牌价值补充在下面。

其他玻璃牌价值：

_____

_____

_____

_____

>>> 总结

1. 玻璃牌价值源于创新、创造力和简化。这些都与变化中产生的价值有关。

2. 变化有很多种，有自然发生的变化，有符合逻辑的变化，有压力带来的变化，也有刻意创造的变化。

3. 玻璃牌价值体现在两种价值上。一种价值来自组织内部的创新精神和文化，而另一种价值则来自新想法本身带来的价值。

4. 应该鼓励富有创造力的人去阐明其想法的价值和好处，仅仅表现出某种想法的新奇感是不够的。

5. 玻璃牌价值非常关注潜力和想象可能会发生什么。这与过去倡导的分析有所不同。

第 9 章
木牌价值

从最广泛的意义上说，木牌价值与环境有关。我之所以选择木头作为这枚价值牌的材料，是有一定的隐喻含义的。

木头是一种暗示"大自然"的天然物质。木头结构复杂，这也表明环境是一个复杂的问题。

>>> 影响

> 从最广泛的意义上说，木牌价值用于评估一个决策、项目、活动或变化对"第三方"的影响。虽然这些第三方并没有直接参与到行动中来，但仍会受到影响。

如果你在电影院用手机打电话，那么你周围的所有人都会受到影响并分心，尽管他们根本没有参与你的谈话。

如果你把车停在了一条车流量很大且不能停车的路上，那么所有其他通行车辆都可能会因为你的行为而受到影响，即使它们什么都没做。

如果你把污染物倒进河里，那么河里的生物就会受到影响，而且下游所有要使用这些水的人也会受到影响。

"自私"和"自我中心"这两个词暗示了某些人只关心自己的利益。而木牌价值则恰恰相反，它要求你考虑所有受你行为影响的人，而不仅仅是你自己和你关注的人。

许多人误解了"礼貌"的本质，他们认为礼貌是对朋友和熟人表示尊重的方式。但事实上恰恰相反。礼貌是你对那些根本不是你朋友的人表达尊重的方式！善待你的朋友是很自然的，并不需要做出特别的努力。而礼貌的本质恰恰是为了善待陌生人而做出的努力。同样的道理，木牌价值也涉及对自己利益范围之外的关注。

>>> 自然

随着人们日渐提升的环保意识和不断出现的抗议团体（以及法律行动），大多数人认为"环境"就意味着

"自然世界"。这种想法没什么问题，因为工业化社会确实对自然造成了极大的危害。汽车排放的尾气污染、工厂排放的可以扩大臭氧层空洞的温室气体、河流和海洋的污染等，都是重要的环境问题。

除了人类工业所产生的气体，牛也会产生数百万吨的甲烷，白蚁还会产生数百万吨的二氧化碳。

学校教育孩子们要有环保意识，这意味着他们从小就被灌输了木牌价值。

为了控制和规范有害气体的排放，各国尝试出台了各种各样的协议和条约。

环保人士的一句著名格言是"全球化思考，本地化行动"。

每个组织都需要意识到自己对当地环境的影响。对家庭而言，重要的是要考虑自身产生了多少生活垃圾。能购买包装更简单的商品吗？有多少生活垃圾是可回收的？

如果露天开采破坏了环境，那么需要怎么弥补？

如果近海石油泄漏会威胁到海洋生态安全，那么我们对此又该如何进行预防和控制？

许多组织等着环保机构、政府或法律部门来给它们施加压力，然后它们就会尽其所能地应对这些压力。这种被动的方式现在可能已经不够了，各种组织日渐需要主动进行"木牌价值思考"，并考虑其行为对环境的影响。

在世界上的一些地方，项目启动前需要先进行"环境影响调研"。这通常由外部机构来实施，而组织内部也需要进行这样的调研。

不足为奇的是，银牌价值（即组织价值，详见第6章）和木牌价值之间经常存在冲突。重视木牌价值可能代价高昂，且会影响组织运营。

>>> 相关方

由于"环境"与自然环境的联系如此紧密，人们往往会忽视其他影响，例如：

在农村地区建厂可能会分散本就有限的农业劳动力资源。

大型商贸企业从城镇中心撤出可能会加速该地区的衰退。

将生产外包给其他国家可能会大幅减少某个地区的就业机会。

难点在于组织应该在多大程度上把这些因素纳入其计划中。应该保持现状，眼看着自己输给竞争对手吗？应该留在赢利能力低于其他地区的市中心吗？企业是否有社会责任？如果有，要做到什么程度？政府是否应该提供社会补贴来平衡企业银牌价值的损失？

本书的目的不是告诉人们或组织该如何按照自己的价值行事，而是让人们变得更容易去"思考"自己的价值。因此，木牌价值追求的是想清楚自己对他人有影响的价值。人们或组织一旦发现了这些价值，具体该怎么做就取决于个人选择或企业伦理和战略考虑了。如果个人或组织的最终决定没有因这些价值意识而动摇，那么也可以采取较为缓和的行动来减轻影响。

例如，当一个煤矿不得不关闭时，如何才能为失去工作的矿工们创造新的就业机会？

竞争对手

在某种意义上，竞争对手也是受到我们的行动或战略影响的"第三方"。我们对竞争对手可能产生的影响可以用银牌价值（详见第 6 章）或木牌价值来进行评估。

那么竞争对手会如何回应？他们会不会发起价格战来削弱所有人的赢利能力？他们是否会立即进行模仿抄袭，从而削弱创新带来的优势？

供应商

可能有人会说，供应商并不是真正的第三方，而是像工会一样，是组织的运营中不可或缺的一部分，因此它需要在银牌价值下进行考虑（详见第 6 章）。这个说法也有道理，你可以只用银牌价值来考虑供应商，也可以同时用木牌价值来考虑。

如果你打算换一个供应商，会产生什么影响？你应该关注这些影响吗？

你是否应该与供应商进行合作，帮助他们提供你所要求的质量和价格？还是应该和他们保持距离，单纯选个最合适的即可？供应商的忠诚度重要吗？

朋友和家人

你在个人生活中做出的决定很可能会对第三方产生

影响，即对你的朋友和家人产生影响。一些生活中重大的变化，比如移居国外，会对你身边所有亲近的人都产生强烈的影响。即使是那些很小的改变，比如节食，也会影响到你周围的人。例如你的家人也要吃和你一样的东西吗？朋友们是否必须忍受你每瘦一斤就要说一遍？等等。

▶▶▶ 负面价值

就像金牌价值一样（详见第 5 章），木牌价值也有负面的。你需要注意这些负面价值，一旦你意识到了这一点，就可以选择各种行动方案来避免负面价值。

你可以选择减轻负面影响。
你可以选择延缓负面影响。
你可以选择对负面影响做出补偿。
你可以选择忽略负面影响。
你可以选择把对负面影响的关注放在较低的优先级上。

想法一旦产生就不可能消失。我们一旦发现了价值，就不可能对它视而不见。

你可能会觉得，最好不要知道任何负面价值，这样就可以什么都不用做。然而这就像为了不被医生发现自己得了什么病就不去体检一样荒谬。

如果你不想记账，那是你的事。如果你不想遵纪守法，那是你的事。如果你不想评估所涉及的价值，那也是你的事。但如果你真的想列出那些需要进行关注的价值，那么木牌价值就是其中的一部分。

>>> 你的木牌价值是什么

和前几章一样，你现在可以补充更多的木牌价值。

更多木牌价值：

_____

_____

_____

_____

_____

总结

1. 木牌价值用于探索某种行为对没有直接参与的第三方的影响。我们有必要考虑这些影响的价值。

2. 有些行为对自然环境会有重大影响。它可能是局部影响，如污染某条河流；也可能是全球性的影响，如温室气体排放。

3. 木牌价值可能会对一个地区产生社会性的影响，也可能会有文化上的影响。

4. 很少有事情是孤立发生的，所以你的行为对其他各方的影响可能很复杂。

5. 木牌价值有时候是负面价值。所以我们有必要预防、纠正或减轻危害。

6. 木牌价值的作用是找出相关的影响价值。具体怎么做取决于你自己的选择。

第 10 章
铜牌价值

感知远比大多数人所想象的更重要。有人认为每个人都能看到真相,有人认为每个人都能看到事物的本来面目,但有时候人们却会把黄铜当成黄金。

> 铜牌关注的是感知价值,例如:这件事物看起来是什么样的?人们会怎么看待它?是否可能会有其他视角?

有一种观点认为,任何对感知的干预都是在愚弄和欺骗民众。如果干预程度并不十分严重,那么这种行为就起到了"粉饰"的作用。

很可惜,这种观点是完全错误的。人只会对自己看到的而非忽视的事实做出反应,情况往往就是这样。

即使感知不符合现实,但它也是真实存在的。

其实人类每时每刻都在被愚弄。有时候是遭遇了刻意诈骗，有时候是被过度热情的销售人员操纵感知引导，购买本不需要的商品。也许在大多数情况下，并没有人想捉弄我们，但我们看到的表象与现实就是不同的。

如果美国表现出一种希望世界和平的理想主义主张，这往往会被认为是为了其自身利益。各种各样的阴谋论都在描述着世界实际上是如何被一小撮银行家和企业操控的。

对政治家来说，"管理"感知是非常重要的。一旦他们出现问题或丑闻，都必须进行淡化处理。如果他们有了一些建设性的提议，那么他们工作的重点就是让每个人都看到这是一个建设性的提议，以及该提议是由谁提出的。

我们感知到的世界就是我们所生活的世界。

大多数人相信他们的感知受到广告的操纵。但事实上，如果我们想要看到产品或服务的真实价值，其实离不开有创意的广告。

伟大画作的特点在于它可以让观众以一种更强烈的方式来看见生活，因为艺术家捕捉到了重要的时刻或表达方式。

在英国，当一位商人被授予了骑士称号或其他荣誉时，人们会普遍认为他给执政党塞钱了，很少有人会相信这个奖项是因为他个人的优秀品质而颁发的。这种感知已经根深蒂固了。

>>> 谁的利益

如果某件事情发生了，或者有人采取了行动，那么这么做是为了谁的利益？

如果一个企业选择了有爱国含义的标志，这是为了引起公众关注吗？

如果一个摇滚明星被拍到去慈善机构服务，那么他是真的想帮助残疾人吗？还是宣传的噱头？

我们有时候很难分辨出什么才是真实的。实际上，这通常是个人利益和慈善行为的混合，重要的是人们会怎样看待这件事情。

一个偏执的人会用逻辑来解释每件事。例如车停在那里是有原因的，那通电话是计划好的，餐厅角落里的那个人看着我是有所图谋。一切似乎都是有逻辑的。

反全球化者并不是因为贫穷国家的人们得到了本不可能拥有的工作机会而进行抗议。他们反对的不是这些拿工资的工人，而是因为"大型企业"只关注自身利益，它们在发展中国家雇用劳动力只是为了赚更多的钱。发展中国家的工人并没有得到合理的工资报酬，他们受到了剥削。

抗议不是针对正在发生的事情，而是针对人们认为的事情发生的原因（即更大的商业利润）。

确实，把部分工作外包给发展中国家意味着发达国家的就业岗位会减少。因此而抗议也许是合理的，但这样的抗议意味着拒绝给贫穷国家的人们工作机会，这似乎非常自私。

>>> 负面感知

和之前的价值一样，铜牌也有很多负面的价值。有些事情发生了，并被以负面的方式看待。我认为让我的读者们认识到这一点很重要。

一些新产品或新项目正处在计划中，那关于它的负面看法可能是什么？

美国国务卿在电视上敦促年轻人使用安全套，这样做可以降低意外怀孕和感染艾滋病毒的风险，这种倡导很有必要。但有些人却对此持有负面的看法。他们认为这个人提倡使用避孕套，那么他就是在提倡——或者至少是在纵容——性行为。他应该提倡的是禁欲。

对我们来说，预见可能出现的负面看法是很重要的。同样重要的是发现已有的负面看法，并设法纠正它们。

由于这类原因，对感知价值的探索是非常重要的。这就是铜牌价值的作用。

》》塑造感知

塑造感知并不需要遮遮掩掩。如果你想让人们以某种方式来看待事物，那么你就需要塑造他们的感知。广告从业者一直都在这么做，例如：

你们的海滨胜地能为度假者提供什么？怎样才能让人们认识到这一点？

你的约会服务真正的价值是什么？如何让人们感知这种价值？

不诚实很容易被人们发现并宣传。但是该如何宣传

"诚实"呢？你可以指出其他候选人不诚实，如果他们确实不诚实的话。然而，要让人们认识到诚实其实是很难的。你可以把候选人塑造成一个"人民的代言人"，并暗示他所具备的优秀品质中就包括诚实。你甚至可以在没有太多支撑案例的情况下使用"老实人吉姆"（假设候选人名叫吉姆）之类的口号进行宣传。

信誉

如果你不相信自己的感知，如果你怀疑自己被愚弄了，那么你可能会想要相信某个其他人的感知。

例如，你怎么知道一款牙膏像它宣传的那样好呢？如果一个著名的电影明星代言了这个产品，那么你就会相信他说的话。因为人们普遍认为代言人通常是一个令人钦佩的人物和榜样，所以他说的一定是真的。尽管这个人可能因为代言赚了一大笔钱，但这一点并不重要。

选择性感知

我们不可能始终意识到周围的一切，所以我们的感知总是有选择性的。我们会挑选出符合我们目的和兴趣的部分来进行认识。

如果你觉得办公室里的某个人是个麻烦精,那么你就会看到所有支持这种偏见的细节。如果你相信一个民族与另一个民族有所不同,那么你就会关注到支持这种差异的所有观点,而那些表明两者并无差异的细节都会被你忽略。

一个善妒的人会觉得伴侣的所有行为都在证明他的怀疑是真的。

在餐厅里,你会从菜单上选择适合自己的菜。在现实生活中,我们的感知会选出那些符合我们先入之见、需求和情绪的内容。

我们并不是先对事物有了清晰客观的看法后再进行选择的,这一点和餐厅点菜不一样。在餐厅,我们客观清晰地看到了所有可以点的菜,然后去选择我们想要的。而选择性感知是指我们只看到了适合自己的,至于其他东西则根本视而不见。

不同的观点

铜牌价值的"价值评估"需要考虑不同的观点。来自不同方面的看法可能会存在很大差异。例如:

倡导禁欲的人会反对推广避孕套。

必须面对意外怀孕和艾滋病毒传播的人会支持推广避孕套。

某些宗教团体也会谴责使用避孕套。

对一个群体有利的事情,对另一个群体可能是不利的。铜牌价值的"价值评估"需要探索不同的观点,以获得不同的看法。

>>> 你的铜牌价值是什么

和前几章一样,你可能想要列出其他你认为的铜牌价值。

其他铜牌价值:

_____

_____

_____

_____

>>> 总结

1. 铜牌价值是指人们对自己感知的真实世界做出的反应，而不是对客观的真实世界做出的反应。

2. 在计划任何项目或活动时，评估铜牌价值都非常重要。我们特别需要关注的是，人们会怎么看待这件事？

3. 我们有时可能需要抵制不合理的负面感知，有时可能需要纠正一种有根据的负面感知，还有时可能需要通过塑造感知来让人们看到真实的价值。

4. 选择性感知意味着我们可能只会看到那些符合我们情绪、先入之见和带有偏见的内容。

5. 我们在评估铜牌价值时，重要的是考虑来自不同方面的不同观点，并分析各种感知之间的差异可能会出现在哪里。

第三部分

六枚价值牌

EDWARD DE BONO

第 11 章
价值敏感度

我们从小就被灌输要进行批判性思考，而没有被教导要有"价值敏感度"，即发现一个想法中的价值。正如我们将在本章中看到的那样，增强对价值的敏感度会帮助我们打开创造性思维的大门。

》》 批评

传统教育的目的是让年轻人了解事物的现状和过去（即历史）。年轻人需要学习什么是正确的，什么是真实的，认识到任何偏离"正确"答案的行为都会被扣分并被认为是错误的。

对年轻人的批评行为在教师的所有行为中占比很重。考虑到教师在教育中的角色，这一点并不奇怪。

家长也会参与对孩子的批评，他们会指出错误，惩罚孩子的错误行为，并说明危险。

无论是在中小学校还是在大学，大家都会强调学生要具有"批判性思维"。"批判性"这个词来自希腊语中的 kritikos 一词，意思是"法官"。这隐喻着批判性思维会接受正确的观点，指出错误的观点。

传统而受到尊敬的辩论习惯和方法在很大程度上是为了证明对方是错误的，证明其"论据"不堪一击。

在现实生活中，我们需要遵守规则和法律，犯错会受到惩罚。

无论是在家庭还是在社区中，负罪感都是很重要的因素。有些群体甚至会尤其强调负罪感，因为利用负罪感可以让人们按应有的方式行事。

此外，还有一些真正的危险需要我们尽量避免。举个例子，如果你过马路时不小心，就有被车撞死的危险。如果你使用电器时不小心，就有被电死的危险。如果你在工作中犯错，你可能会有麻烦。毫无疑问，你会失去晋升的机会。

》》危险敏感度

综上所述，我们对危险高度敏感也就不足为奇了。

这意味着我们对错误的做法、风险、问题等行为的敏感度。

我们的思维被精密设计得恰好能看到我们面前的错误和危险。

想象一下，如果会议室里坐满了经验丰富的高薪人士，此刻有个人正在演讲，那么其他人在想什么？他们坐在那里，等着从演讲中找到一个切入点进行批评。如果能找到这样的一个点，那么他们就能在接下来的讨论中参与进来。这是他们知道的唯一玩法，因为他们没有接受过平行思考的训练。

在会议上有人提出了一个新想法，于是所有人立刻开始关注起这个想法的缺点和不足。他们会指出它为什么不切实际，为什么这样做的好处微乎其微，为什么实现它的成本很高。他们只是按照多年的教育和培训所教会的习惯做出了反应，表现出了很高的"危险敏感度"。

同样，个人生活中的新想法也会招致自己和他人的批评。如果你想搬到更大的房子里，那增加的房贷要怎么还？你想把写作当成一种爱好，那你可能没有足够的天赋……

我们有一种潜在的信念，时刻提醒我们要尽可能地避免危险和犯错。只要做到这一点，事情就会自然地向前推进。然而这种信念并没有认识到思想的价值。

>>> 看不见的价值

新想法一经提出，每个人就迫不及待地对其进行批判，这已经够糟糕的了，但还有更糟糕的事情。

我曾参加过许多专门为产生新想法而举行的创意大会。我发现新想法确实产生了，但没有人能够看到新想法的价值。不仅仅是其他人，有时就连想出这个想法的人自己也没能看到它的全部价值！而且这种情况已经发生过很多次了。

为什么会这样？原因是我们接受的训练是为了看到危险，我们没有被训练该如何去看到价值。

我甚至想说，如果参与者没有养成关注"价值敏感度"的习惯，那么他的那些富有创造性的努力根本就是在浪费时间。

> 价值并不总是显而易见的，也并不总是摆在我们面前的。有时候我们需要去主动发现价值，有时我们会灵光乍现地发现一个想法的价值。

新的想法中往往充满了看不见的价值。

我们对价值的敏感度不如对危险的敏感度高，因为我们没有自动的"价值扫描"能力。

排除法

有个年轻女子的追求者极多，她要如何在他们之间做出选择？她要嫁给谁？

她可以一一列举每个追求者的优点，例如这个长相英俊，那个家财万贯；这个风趣幽默，那个性感迷人（其实一个人可能具备多种优点）。但在实际操作中，这种方法似乎并不太管用。

还有另一种方法。这次年轻女子关注的是每个追求者的缺点或不足，例如这个很自私，那个有口臭；这个很霸道，那个太懒惰。通过逐步淘汰不合适的追求者，她就能最终做出决定——但要及时停手，别把他们全都淘汰了。

开车面临岔路时，司机会想办法排除"错误"的方向，这样就能走对路。

面对多种选择，我们可以尝试通过发现危险来排除一些选择，这会让行动变得更加简单。

这也是我们的思维会倾向于"消极导向"的另一个实际原因。

由于这些自然而实用的倾向，我们需要刻意培养价值敏感度。

>>> 价值扫描

六枚价值牌提供了一个便捷的价值扫描框架，我们可以在每枚价值牌下快速查一遍，看看能找到什么价值。

有些人会说他们本来就是这样做的。也许吧。但按我的经验，很多声称凭本能就会这么做的人实际上只是在骗自己。

有一次我问一屋子的女性高管，在男女同工的情况下，多支付女性15%的酬劳是不是个好主意？在场85%的人表示赞成这个想法。然后我让她们认真思考，仔细考虑后果，包括直接后果、短期后果、中期后果和长期后果。在这样做之后，赞成的比例降到了15%。值得一提的是，这些高管之前都曾声称自己做决策时总是会充分地考虑后果。

> 正式而谨慎地去做某事可能会和自认为已经做了某事的效果截然不同。

"关注所有的价值"是一个常见的要求。

"这件事里的金牌价值是什么?"则是一个更具体的要求。

价值牌为我们提供了一个正式的框架,既可以整体扫描价值,也可以关注某一类的价值。

>>> 习惯

一旦六枚价值牌的框架被内化,那么对我们来说,在任何情况下寻找价值都会成为一种习惯。也许就不需要每次都对所有价值进行完整扫描了,只需按优先级来即可。

第 12 章
冲突和优先级

>> 价值优先级

健康和快乐,哪个更重要?

你现在的样子和 20 年后的样子,哪个更重要?

名声和成功,哪个更重要?

上面的每个问题看起来都很容易进行选择,其实则不然:吸烟的人明知吸烟有害健康。女人躺在阳光下晒黑,她们也知道这样做 20 年后皮肤会不好看。高管做出的决定可能会给企业带来立竿见影的成功,但在这个过程中却会损害自己的名声。

价值总是有优先级的,但优先级却并不是固定不变的。你可能会说你始终把金牌价值放在第一位,但如果这会影响组织的赢利能力（即银牌价值，详见第 6 章），你可能就会改变主意。

优先级在一定程度上取决于具体情况，但在更大的程度上，它们取决于所涉及价值的程度或大小。如果有些事情会导致铜牌价值大幅增加（对应感知价值，详见第 10 章），但对银牌价值（详见第 6 章）的影响较小，那么它们可能是值得做的；相反，如果其对环境的负面影响较大（即木牌价值，详见第 9 章），但利润只是小幅增加，那么就不值得去做。

审视价值的方法通常比单纯关注道德价值要灵活和实用得多。如果只关注道德价值，那么无论环境如何和放弃价值会带来什么收益，你都应该坚定不移。

有人认为金牌价值和木牌价值都比较接近道德价值，因此应该优先考虑。有些人确实试图以这种方式来管理他们的组织。

确定了优先级之后，一些价值较其他价值会被优先考虑或赋予更大的重要性，优先级高的价值可能会决定或至少会影响行动的过程。

举个例子，假设你现在工作得不开心，想找一份新的工作。在寻求改变的过程中，你个人的价值是金牌价值（详见第 5 章），但你想做的工作薪水较低（即银牌价值，详见第 6 章），这将影响你的收入和家庭预算（即木牌价值，详见第 9 章），所以你需要在行动之前决定这些价值的优先级。

≫ 价值冲突

当发生冲突时，价值才真正产生了分歧。如果你选择了一种价值，那么对另一种方向而言，你就产生了负面价值。

在预算固定的情况下，如果你在产品推广上花了更多的钱，那么在修理停车场上能花的钱就少了。如果你把钱花在投资新产品上，那么能给员工涨工资的钱就会减少。

个人价值和社会价值之间的冲突一直在发生。

道德价值和世俗价值之间的冲突始终存在。

文化和教育的目的就是让人更容易处理这种价值冲突，即你只需要做"正确的事情"。

如果你的个人价值已经转变为"如何侥幸逃避惩罚"，那么事情就复杂多了。

道德或伦理因素是很难被量化的。最简单的经验法则就是不要做任何违背个人道德和伦理价值的事情。

然而，在某些冲突场景中，严格意义上没有任何道德或伦理价值。这就更难了，因为没有简单直白的法则可以参照。在这种情况下，最好的办法就是尽可能清楚地列出这些互相冲突的价值，然后看看是否有哪个更优先的价值可能会影响你的选择。

如果没有更优先的价值（例如涉及底线或银牌价值，详见第6章），那就根据你对后果的判断来进行选择。

如果你是和别人合作，那么首先要确保双方已经在确定的价值上达成一致，然后可以寻求建议来继续。

当存在价值冲突时，最好的方法不是做出简单的选择，而是尝试"设计"出推进的方向。

假设你继承了一笔钱，这些钱足以让你度过一个永生难忘的假期，或者用来偿还债务。这里的冲突发生在金牌价值（详见第5章）和银牌价值（详见第6章）之间：一边是你会真正享受并牢记一生的东西，另一边则是经济保障。你可以决定哪个价值对你更重要，或者你可以设计一个折中的方案，比如偿还一部分债务，同时去享受一个相对没那么贵的假期。

第 13 章
设计

设计和分析一样重要。然而我们有大量关于思维的教育都和分析相关，在设计上几乎什么都没有。

设计意味着把已知的东西组合在一起并创造新的价值。

▶▶ 解决问题

传统上，我们通过确定根本原因并想办法消除它来解决问题。这种方法在 65% 的案例中都很有效。然而有时我们会找不到原因；有时原因太多以致无法全部消除；有时我们确实找到了原因，但无法消除它，因为它可能就是人类天性的一部分。

例如，某地为了举办国际电影节建了一个很大的礼堂。然而就在电影节开幕的前几天，台风来了，礼堂水深一米多。于是活动的组织者叫来了工程师，工程师们认为已经来不及把礼堂里的水都抽干了。那么他们是怎么做的呢？他们召集了一大批木匠来搭建出许多类似盒状的结构。最后，尽管积水还在，但大家在搭建在水上的平台上举办了活动。

> 如果问题的根本原因无法消除，那么我们可能需要"设计"一个推进的方式，而不再去管那个原因本身。

这可能看起来像是一种粉饰或掩耳盗铃的行为，但事实并非如此。它可以是一个真正的解决方案。世上多数重大问题都不会通过更多的分析而得到解决（因为之前已经分析得够多了），所以我们有必要设计出一种可以解决问题的推进方式。

>>> 解决冲突

我们通常会寻求法律手段来解决冲突，个人也可以选择申请仲裁。这个过程中可能会有常见的争论和谈判，但通常双方将通过协商的方式来达成一致。

我们需要更重视设计。要考虑到双方的需要和顾虑，然后尝试设计一种推进方式。

即使在冲突双方不见面的情况下也有一种解决方法。双方都将自己的顾虑、诉求和对未来的看法告知另一方，接着由每一方来"设计"一个对双方都公平的推进方式，然后由法官或陪审团来选择看似"最公平"的设计方案。如果双方的设计都是合理的，那么选择哪种设计可能并不重要。如果一方提交了一种较为极端的设计，那么这种设计也不太可能被选中。

这种设计的方式可能不太受欢迎，因为它会使我们的法律和政府把所有的重点都放在分析和论证上。

>>> 冲突的价值

关于设计，有两点很重要：

1. 寻找并设计推进方向总是值得的。
2. 并不是每次都能设计出一个令人满意的方案。

每当价值发生冲突时，你可以尝试在各种冲突的价值中做出选择。或者你也可以尝试去设计一个推进的方式。

如果一个产品有必要涨价（即银牌价值，详见第6章），但又觉得会产生负面的感知价值（即铜牌价值，详见第10章），那么你可能会想增加产品的净含量，或是做一些小小的改变，让它看起来不是作为完全相同的产品而直接涨价。

乍看之下很简单的是非题或二选一的问题，实际上可能并非如此。在设计上做些努力，也许就可以改变整个局面。

由于某种原因，产品质量的提高意味着可供选择的规格可能会减少。因此，在产品质量和顾客选择的质量之间就存在着冲突。一种推进的方式是继续提供两种类型的产品：目前这种可选规格更多的产品，以及价格更高、质量更好、可选规格较少的新产品。

对于游轮公司来说，为了吸引更大的市场而降低价格可能会意味着降低标准。而在游轮上设置一个高级餐厅，提供较岸上同等水平餐厅而言价格相对较低的食物，也许就可以平衡这种价值冲突。

设计需要创造性思维和水平思考，可能需要我们具有新的概念，或者至少是有对传统概念的修改。通过设计，就可以探索各种替代方案和可能性。

如果一项设计能让有冲突的价值和谐共处，那么它就是成功的。它可能无法充分发挥出全部价值，但仍有足够的价值可以发挥作用。

设计不仅仅是出于妥协而对现状做出的调整，因为这种调整通常是不够的。而设计需要经历一个阶段，在这个阶段里，想法被创造和探索，然后再应用到存在价值冲突的场景中。

第 14 章
价值的大小

有多大的价值？

这些价值有多重要？

并不是所有价值都是相等的。有些价值会比其他价值更大或更重要。然而，在学术领域中并没有一个真正合适的词来描述价值的"程度"或"大小"。

为什么这一点很重要呢？

这是出于非常现实的原因。如果有两种选择摆在你面前，其中一种比另一种的价值更大，这可能会影响你的选择。

如果采取某种行动有价值，不采取某种行动也有价值，那么你可能需要比较两种价值的重要性或"大小"。

如果你像法国那样将每周的工作时间缩短到 35 小时，员工会更快乐（即金牌价值），但快乐程度到底能提升多少呢？同时，这样做也会产生成本（即银牌价值），而成本更容易计算。对小企业而言，其成本可能比大企业要高得多。

投资新产品需要时间、金钱和管理资源，那么它可能带来的好处是什么？收益会有多大？它可能会增加销量，公司的市场地位可能会提高并成为行业领导者。与此同时，这种优势可能是暂时的，因为竞争对手会推出一款相似的产品。那么该如何量化这些好处？又该如何量化风险？

》》 数据

你可以估算出一种新产品的推广成本，但你无法估算增加的管理压力和焦虑，也无法预估竞争对手抄袭的可能性以及抄袭发生的速度。

当你可以估算一种价值（通常是成本），但无法估算另一种价值时，你要怎么做出决定呢？例如，在某个国家设立新办事处的成本是可以计算出来的，但新办事处对销售的影响则很难被量化。

你也许可以首先计算出某种产品的市场总规模，然后估算出你可能占有的合理的市场份额。这是一种猜测。你也可以用这种方法来估计竞争对手可能会采取的行动，比方说如果他们降低价格，那么你的利润可能就会减少。

直接借鉴过去的经验和他人的经验可能会有所帮助，与相关活动进行比较也可能会有帮助。

最后，很明显，有些价值可以被量化，有些则不能。

》》》四类价值

虽然有些价值不能被量化为具体数字，但我们仍然可以对价值的大小有一个主观的感觉。

举个例子，你可以主观地把朋友分为四类：

1. 非常亲密的朋友，你非常喜欢他们，经常想和他们见面。
2. 好朋友。
3. 喜欢但不愿花大力气去应酬或去招待的熟人。
4. 曾经见过的人，如果你和他们在街上偶遇，可能会打个招呼。

这样的主观划分应该不难做到，当然也可能会有一些困难的个案。例如可能有个人你只是短暂地见过一面，但你却真的很喜欢对方。那么这个人属于第一类还是第四类？这些分类应该基于喜欢程度还是基于实际关系的远近？

任何主观分类都可能会出现模棱两可的情况。如果你把分类的基础讲得非常清楚，那么一些边缘性的个案就会消失。但说到底，那些模糊的个案分到任何一类其实都是可以的。

假设你必须要把认识的人分成四类，那么你需要在不使用卷尺或体重秤的情况下对他们进行主观判断。

首先是体型较大的人，这些人可能特别高、特别重或两者都占了。

然后是正常体型的人，他们既不太高大，也不太矮小。

接下来是体型较小的人，实际上这就意味着个子较矮的人。

最后还有体型迷你的人，他们特别矮小瘦弱。

在餐厅里，你可以看着菜单把菜分为四类：

1. 有特色且吸引人。
2. 优质但常规。

3. 不太诱人。

4. 毫无兴趣。

最后一类并不是负面态度,只是表示你对它缺乏兴趣。

我们现在可以想办法把这种四分类法应用到价值上。

和上面的例子一样,分类总是主观的。这意味着这个标准是从你的角度来把握的。你是如何看待价值的?如果你想转换到另一种视角,那就应该明确地说出来,例如:

现在,从消费者的角度来看……

但是,从政府的角度来看……

强大的价值

> 这些价值很大。这些价值很强。这些价值很重要。

只有大而重要的价值才会被归入这一类。就像某个人毫无疑问是"体型很大"的人一样,强大的价值也应该是毫无异议的。如果有丝毫的怀疑,那么这个价值就不会被归入该类别。所以我们可以把这个类别理解为:毫无疑问的强大。

大幅提高工资的金牌价值可能符合"强大"。

把供应商价格降低 20% 以上的银牌价值可能属于"强大"。

完全防剽蹭墨水的钢牌价值可能属于"强大"。

在任何报刊亭都能买到保险的玻璃牌价值有资格称为"强大"。

转型为风力发电场的木牌价值或许可称得上"强大"。

为较贫穷国家降低药品价格的铜牌价值可能属于"强大"。

可靠的价值

在实践中,可靠的价值要比强大的价值多得多,就像正常人要比大块头多得多一样。

> 可靠的价值是有吸引力的价值,是有意义的价值,是值得拥有的价值,也是重要的价值。但它们

> 并没有特别"强大"。

重新粉刷和装饰自助餐厅可能是可靠的金牌价值。

召集一个管理咨询小组可能是可靠的银牌价值。

延长电器的保修期可能是可靠的钢牌价值。

每餐提供一杯免费的葡萄酒可能是可靠的玻璃牌价值。

使用再生纸进行包装可能是可靠的木牌价值。

向顾客说明潜在的健康危害可能是可靠的铜牌价值。

较弱的价值

较弱的价值是指那些确定但并不强大的价值。但这并不意味着它们可以被忽略。甚至在许多领域里只有较弱的价值,你必须和它们打交道。如果强大的价值甚至可靠的价值都很难获得,那么你只寄希望于这些价值是没有用的。

> 较弱的价值本身比较弱,但一组较弱的价值组合在一起就会变得重要。

只有与更强大的价值相比，较弱的价值才会显得弱。例如，"乡村维纳斯"①已经足够吸引人了，但和夜店美女比起来，她就会显得平平无奇。

对人以姓名相称可能是一种较弱的金牌价值（也有些人可能会认为这是一种强大的价值）。

在每辆卡车上装载更多的纸板箱可能是较弱的银牌价值。

游轮价格中包含的船上小费可能是较弱的钢牌价值。

使麦片的包装袋更容易打开可能是较弱的玻璃牌价值（在某些情况下也可能是强大的价值）。

向一个环保组织进行捐赠可能是较弱的木牌价值。

使包装上的字变得更好读可能是较弱的铜牌价值。

边缘价值

这里有些变化。"边缘"与其他三种表示程度的价值度量衡不同，它并不指价值的大小或强弱。

---

① 乡村维纳斯是指在偏僻的乡村，村里最漂亮的姑娘会被村民们当作世界上最美的人（维纳斯）。在村民们看到更漂亮的姑娘之前，他们想象不出还有更漂亮的人。——编者注

> 在这里,"边缘"指的是某件事发生的可能性很小。这个价值本身可能很强,但它发生的可能性很小,而且大概率不会发生。

这只是有可能会发生。

它是有价值的,只是发生的可能性不大。

例如,让员工提名团队中最有创造力的人可能会鼓励创新。这是边缘的金牌价值。

鼓励商店顾客提出一些新的建议。这是边缘的银牌价值。

给水果贴上"大"或"小"的标签可能会产生边缘的钢牌价值。

在牙膏盖子上加一个拉环,可能会产生边缘的玻璃牌价值。

为街道捐赠垃圾桶可能会产生边缘的木牌价值。

承认一个小错误可能会产生边缘的铜牌价值。

≫ 负面价值

同样的分类方式也适用于负面价值。

例如，那是个强大的负面铁牌价值。我们当然要考虑到这一点。

所有这些都是可靠的负面银牌价值。

我同意，但这只是较弱的负面金牌价值。

这种情况不太可能发生，只是一个边缘的负面铜牌价值。

你不用一直重复这个价值的性质。一旦你明确了在讨论金牌价值，那么就只需要说"价值"这个词。只有在转换类型的时候才需要说明你在关注的是哪类价值。

>> 评估

我们一旦了解并掌握了这四个等级的价值，就有了快速评估的方法。这个价值有多大？有时评估很容易，但有时需要更仔细地考虑这个价值。

有这样一个故事：一个法国农夫让他的儿子把一堆苹果分成大苹果和小苹果。然后农夫去了市场，当他回来时，儿子已经把苹果分成了两堆。父亲感谢了儿子，随后把所有的苹果重新放回原处。儿子很生气，觉得他一天的工作都白费了。父亲解释道："我实际上是想让你把坏苹果扔掉——你已经做到了。但我对你的要求是把苹果按大小分开,这件事情更难,所以你会对每一个苹果都更加留意。"

在某种程度上,价值的"程度"迫使我们更清楚地思考我们遇到的每一个价值。

第 15 章
收益和成本

价值有时被视为"收益减去成本"。这在逻辑上可能是对的,但在心理层面上是经不起推敲的。

利益指的是在一种关系中的价值,例如金条对珠宝商来说是有一定价值的。对于那些想要对冲通货膨胀的投资者来说,他可能根本不关注金条,所以金条对他就有了不同的价值。而对于那些想用金条的质量来做门挡的人来说,金条的价值又不一样了。

利益只是指这种关系中的价值。例如它对我或我的组织有什么好处?而价值则是一个更广泛的术语,包括关系价值、内在价值、潜在价值,甚至是未被发现的价值。

> 所以寻找利益是非常以自我为中心的事,而寻找价值则更加客观。所以我们要关注:这里的价值是什么,而不是对我来说价值是什么。这意味着我们要付出更多努力去寻找全部的价值。

当我们做决定时，收益就变得很重要。所以关于收益的传统定义可以改为"收益等于价值减去成本"。

使用价值的成本可能因组织和个人而异。例如，一个已经在组织旅行业务的旅游公司可能会发现，组织假期游学业务很容易。而教育培训机构可能会发现，它们做同样的事情，成本要高得多。这两种情况下的市场价值相同，但收益差异却很大。

饼干制造商会觉得引入"麸皮饼干"业务很容易，因为他的生产机械、分销链和品牌都是现成的。生产麸皮的谷物公司做同样的业务则会发现成本要高得多，难度也大得多。这两种企业生产出的产品对消费者而言价值是相同的，对组织的收益却不同。

如果某件事对你有好处，你会选择去做。因此，利益比价值更具有相对性。

决策

很多因素都会影响决策，包括战略、政策、成本、资源、个性、风险评估、备选方案和文化。

风险有很多层次：

这是可以做到的吗?

我们能做到吗?

我们能以一个可接受的价格来实现它吗?

在市场上行得通吗?

潜在的问题是什么?

竞争对手会如何应对?

大多数决策都基于"匹配"的概念:

这和我们的冒险文化匹配吗?

这和我们的组织结构匹配吗?

这和我们的资源匹配吗?

这和我们的战略匹配吗?

这和我们的道德主张匹配吗?

这和我们的预算匹配吗?

很明显,判断"匹配度"比尝试判断价值本身要更可行。

"匹配"的危险在于它总是基于过去判断的。例如,裁缝做了一套匹配你当下尺寸的衣服,却完全没有留给你长胖的空间。

一个年轻人认为自己喜欢金发女郎。有一天，他在一个聚会上看到了一个漂亮的红发女郎。于是他做了什么？是拒绝了美人还是改变他的选择框架？

当新的机会出现时，我们能发现其全部价值吗？还是先入为主地只看匹配程度？商业史上，这两个方向的例子都有很多。一种是没有改变决策框架，例如在计算机领域做了很多开拓性工作却被他人占领先机的美国施乐；另一种则是像英国的兰克施乐合资公司那样，改变了决策框架，从一个制面作坊摇身一变，业务变得与过去大不相同。

许多大型机构的研究部门都有很多颇具价值的想法，但从来没有被执行过，因为要发展这些想法需要投入大量的资金和人力。这些想法之所以没能落地，是因为其他想法似乎更匹配企业的优先事项。它们没被执行是因为它们不"匹配"企业正在使用的决策框架。

决策过程中似乎有五个因素：

1. 对每个备选方案的价值进行全面评估。
2. 对每个备选方案的负面价值进行全面评估。

3. 风险因素。

4. 与组织或个人的"匹配度"。

5. 个性特质。

>> 负面价值

成本属于负面价值。如果成本很高,那么就意味着企业有很高的负面银牌价值。有些成本很容易进行量化和说明,而另一些则很难进行量化。管理压力和时间不容易进行评估。更不容易评估的是从其他活动中转移出来的时间。不可量化的成本仍然可以被分类为强大、可靠、较弱或边缘四种类型(详见第 14 章)。

除传统的成本外,企业可能还有很多其他的负面价值。例如新产品可能会挤压已有产品的市场,新产品可能会危及品牌形象,新产品可能会引起强烈的竞争反应等。

这并不只是为了评估收益而需要从其他价值中减去负面价值。两组价值都需要被列出来,同时进行考虑。

在需要仔细考虑成本的场景下,如果预估的收入增长没有超过所需投入,那么无论感知价值有多高都不会产生收益。

　　价值三角（详见第 17 章）和价值地图（详见第 18 章）为此提供了框架，可以帮助你在做每一个决定时都能考虑所有的价值——包括正面的和负面的。

第 16 章
价值的来源

有些价值的来源是很明显的，其他的则不那么容易被发现，除非我们有刻意寻找的习惯。在本章中，我想重点谈谈这些不太明显的价值来源和价值类型。不同价值类型之间又有相当多的重叠，这意味着你可以至少从两个角度来看待同一件事。

>>> 沟通价值

沟通的价值非常明显，我们甚至没必要特意提及。信息从一点到另一点的传递是许多商业模式的基础。

然而大多数组织没有意识到他们的内部沟通有多么糟糕。如果每个人都只做自己应该做的事情，那么就可能很少会有跨线沟通。完全由需求驱动的沟通并不包含能产生变革机会的沟通。

▶▶ 许可

这可能是一种非常重要的价值。例如，一块有建筑许可证的土地比一块没有许可证的土地更有价值。在某些国家，从事商业活动需要许可证或执照。有酒牌的餐厅比没有酒牌的餐厅更有价值。在某个机场（机位）着陆的许可也是非常有价值的。

生活中有各种各样可以获得的且非常有价值的许可，例如各种各样的专利和知识产权。

如果没有获得许可，很多价值就无法发挥作用。由此可见，许可本身可能就是关键价值。

许可意味着事项可能会涉及其他相关方。在个人层面，有时你可能需要许可自己做某事或思考某事。

▶▶ 敲门砖

你不需要获得许可就可以学法语，而学习法语可能是在法国做生意的"敲门砖"。

学生们在大学里学习不同课程需要通过考试。在计算机盛行的今天，有些学科仍对数学有着不必要的超高要求。于是不擅长数学的人就去学法律了。因此美国的法学院非常热门，美国的人均律师数量是日本的27倍。

敲门砖是进门的前提，你必须有敲门砖才能进入某个特定的世界。例如，雇用一个擅长青年营销的人可能是企业进入一个新的细分市场的敲门砖。

你需要选择想要进入的门并想办法通过它。对此，你可以利用自己的技能，或者在某些情况下通过雇用他人来获得你所需要的技能。

敲门砖是一种价值形式。你聘用的第一个IT专家与第二个IT专家是有区别的，因为是第一个人真正打开了大门，而第二个只是起到支持作用。

>>> 助推器的价值

助推器的价值很简单，就是推动你能够做成一些事情。助推器的范围比许可或敲门砖更广泛。例如，如果你能够将关键零部件的生产外包给其他国家，你就可能以更低的成本参与竞争。

获得一种快速测试电子产品的方法可以提升生产速度。比如在制药行业，拥有一种测试药物效果的方法可以使该领域的研究进行得更快。

就个人而言，为通过专业考试而学习可能会让你获得晋升。而去健身房则可以使你获得健康并减轻体重。

助推器并不像拼图中缺失的那块。在某些情况下，你可以在没有助推器的情况下继续下去，只是可能需要更长的时间。而在另一些情况下，如果没有助推器，你可能根本就无法继续进行。

催化剂的价值

在化学中，催化剂可以使其他化学元素结合成新的化合物。催化剂本身并不发生变化，只是继续执行这种连接的功能。

如果有人给你介绍了一个有价值的业务联系人，那么这个人就起到了催化剂的作用，因为他把你和新联系人串在了一起，然后催化剂就不再参与这个过程。同理，婚介所提供的就是典型的催化剂服务。

新产品的启动可能会起到催化剂的作用，它可以把一群人聚在一起，开发出更好的产品，放弃原来的产品。

强化剂的作用

通过六项思考帽的平行思考法训练,任何会议的价值都会得到强化。会议时间会变得更短,会议结果会变得更有力。参会人员对结果达成一致,会议中的每个人都有机会对讨论的话题提出自己最好的想法。难相处的人和与会者的个人日程安排会变得对会议的影响较小。如果原本可以在三十天内完成的决定,现在只需两天就能完成,那么会议的效率就会大大提高。

扩音系统可以增强或放大声音。口碑宣传可以提高广告的价值。

例如,炎热的夏天促进了啤酒的销售,寒冷的冬天对大衣也有同样的作用。

加速器的价值

加速器实际上是一种只在时间维度上运行的增强器。例如苏伊士运河的开辟对亚洲和欧洲之间的贸易起到了加速作用。在某些国家,过去的情况是通过向相关的官员行贿,这样会加快许可流程。而现在这种行为已经普遍不被鼓励。

重组部门可以对产品开发产生加速价值。设立新的岗位和团队也可能产生加速器功能。

我曾经向新加坡的公共服务部门建议，它应该引入一个"加速部门"。如果某件事情的处理时间太长，可以让该部门去调查一下延迟的情况，给相关部门施加压力，让它们加快办事进度。这并不是说新加坡当局行动迟缓，而是恰恰相反。如果在全世界范围内采纳这个建议，那么许多其他国家可能会受益更多。

▶▶ 解决问题

问题是痛苦，是障碍，是阻塞，往往也是负面价值。解决问题通常不被视为价值提升，而更多的是作为日常维护的一部分。但实际上，解决问题需要被更清晰地视为一种价值传递机制。

如果解决一个特定的问题并不能带来多大的价值，那么解决它可能就没什么意义了！

例如，餐厅员工盗窃是很严重的负面价值，并且会产生相当大的成本。解决这个问题可以决定一家餐厅是否赢利。

那些已经托运了行李但太晚到达登机口的乘客可能会延误航班、影响登机流程和打乱航班时间安排。如果这个问题能够得到解决,那么银牌价值和钢牌价值都会得到大幅提高(对航空公司和乘客而言都是如此)。

>>> 消除瓶颈

这是另一个明显的价值。我们总是倾向于想到供应环节或生产过程中的瓶颈。然而,更严重的瓶颈可能发生在我们看不到的决策过程中。

瓶颈可能是由于太多的人试图通过一个有限的通道而造成的。这是空间型瓶颈,通常可以通过重组来解决。另一种类型的瓶颈则是由非常低效且带有延迟的通道造成的。

过去人们常说美国食品和药物管理局(FDA)在批准新药时故意放慢速度,以便使药物在世界其他地方进行试验,并首先在其他国家验证其负面影响。通过这种方式,美国食品和药物管理局的决策可以建立在有关药物的大规模"试验"的基础上。

据称，美国银行清算外国支票的时间特别长，因为在此期间它们可以享受流动资金的利息。

瓶颈是负面价值。通过重组来消除瓶颈则是积极的价值。

错误

每个人都热衷于说错误是有用的，因为我们可以从中吸取教训。我们可以学会吃一堑长一智，我们可以认识到需要更好的基础设施来推陈出新，我们可以了解到官僚程序处理危机时的速度太慢，我们可以知道错误的人被放在了错误的位置上。

错误大体上可以分为两种：

1. 本该以正确的方式做的事情却以错误的方式做了。护士给药太多可能就是这方面的一个例子。在加拿大的一架客机上，原本应装载的若干加仑汽油，变成了若干升汽油（实际上在加仑和升之间的转换中真的发生过这种情况）。误读市场情绪也可能是一个错误，但这个很容易被理解。太晚推出一款新型汽车可能是另一个本可以避免的错误。

2. 你做的每件事都是对的，但由于某种原因，项目却失败了。失败的原因无法预测，可能是政策法规发生了变化，也可能是供应商价格突然暴涨，还可能是自然灾害或恐怖袭击扰乱了市场。这些真的不应该被称为错误，因为它们是"由于无法预见的原因而失败的合理冒险"。我们非常需要一个新词来形容这种情况，否则人们就不愿意去尝试新事物，因为如果项目失败，他们就会受到指责。

我们可以从这两种错误中吸取教训。对策可能是一个备用方案（例如不要把所有鸡蛋放在一个篮子里）或应急计划；也可能是个"对冲"问题，这样无论情况如何，你的项目都会受益。

竞争对手

虽然自我通常阻止我们从竞争对手的行为中看到太多的价值，但还是有一些值得关注的内容。这些价值大多数会被竞争对手发现，但也有一些可能不会。

索尼的 Betamax 系统是最早进入视频播放市场的系统。但 VHS 接管了市场，尽管从技术上讲它并不比

Betamax 好（甚至有人说它更差）。看起来是 VHS 集团鼓励了很多其他生产商使用它的系统。

竞争对手可能会做完最困难的部分，然后为新品面市做准备。这时候你可能会推出一款类似的产品进入市场。

据说亚马逊网上书店一直不想对外公布利润，以免很多竞争对手涌入这个市场。通过把钱投入仓储物流服务而不是对外披露利润，亚马逊已经建立起了难以抗衡的配送系统。

》》》失败

在瑞典的一次商业会议上，有人问我新企业的创意可能来自哪里。我建议他们看看那些破产公司的资料。

在这些资料中，会有一些超前于时代的想法。而在今天的技术条件下，这样的想法可能是有价值的。

也可能有些想法确实很好，但因为企业资金不足或管理不善而无法落地。

破产并不一定意味着想法很糟糕。

>>> **概念**

概念真的非常有价值。我们绝对低估了概念的价值。

未来，价值不会来自越来越多的技术。价值将来自"价值概念"，即利用现有技术来传递新的价值。目前我们的"价值概念"还远远落后于技术的发展。

这就是为什么我要建立一个价值设计实验室来激发这样的新想法。这些想法不会来自技术研究，而是来自水平思考和以设计为主的思考。

第 17 章
价值三角

有时候对某些东西一扫而过是很有用的,循规蹈矩地阅读反而是一种太慢的交流方式。

图 17-1 展示的是一种非常简单的、可以直观地表现价值扫描结果的方法,它可以一目了然地展示出六枚价值在特定想法或项目中的得分情况。

使用这种方法,你可以对某个想法的"价值形态"有一个直观印象。它可以让你快速过滤想法,并只关注那些看起来有前途的想法。

人类的大脑非常擅长将图形作为一个整体来感知。与语言不同的是,图形不需要一点一点地建立起来,所以价值形态可以作为一个整体被感知。

>>> 三角形

这个三角形由六个大小相同的圆组成,它像一个金字塔，但由于是二维的，所以它只是一个三角形。

六个圆分别代表六枚价值牌，它们在三角形中的位置如图 17-1 所示。

图 17-1　价值三角

银牌

尽管银牌在三角形的顶端，但这并不意味着它一定是最重要的价值。但每一次价值扫描都是从某个视角来进行的。

这种视角通常是从组织或个人的角度，他们将评估这些价值，然后根据评估结果来采取行动。因此，价值评估的负责人或发起者是最大的利益相关方。

银牌价值指的是组织价值，因此是与价值三角的使用者关系最密切的价值类型。

尽管在本书中，银牌价值被称为组织价值，但在个人层面，银牌价值也同样适用。你可以自己进行价值审视，那么此刻的银牌价值就与你确定的目标有关。记住，银牌价值与组织和个人的目标有关。

钢牌

第二排左侧的圆圈表示钢牌。这是因为质量价值是交付的价值，具有很高的重要性。

任何行动都是为了提供质量，同时也是为了对提供价值的一方有利。顾客价值属于钢牌价值。

如果你是作为个人来进行价值扫描，那么钢牌价值就是你可以获得的价值。因为你既是工作人员又是客户，所以可能会和银牌价值有所重叠。例如你可能会大量地购买卫生纸，因为这样可以减少频繁购物的麻烦，同时价格也会更加实惠。

如果你举办了一场聚会，你可能不仅会乐在其中，同时也会交到有用的新朋友（他们是由你已有的朋友带来的）。

金牌

第二排右侧的圆圈表示金牌。这确实是一种优质而重要的价值。

金牌价值是人的价值,但它往往不是"客观价值"。专为创造金牌价值而做的事情并不多见。尽管如此,金牌价值还是很重要的,我们必须将其纳入考虑,尤其是当它们是负面价值的时候。

企业的功能是产生利润(并确保生存)。尽管对员工的关心和照顾具有很高的价值,但这通常不是企业的主要目的。

如果你在做个人价值扫描,那么金牌价值适用于你周围的所有人:合作伙伴、同事、家人、朋友等。你的所作所为对他们的价值有何影响?

玻璃牌

三角形底部右侧的圆圈是玻璃牌。

虽然创意和创新都非常重要,但它们并不是驱动大多数活动的主要因素。就好比维生素很重要,但我们不是靠维生素生存的。我们吃那些能维持生命的食物,同时也非常重视维生素的摄入。所以创造力和创新需要存在，但在大多数情况下并不占主导地位。

玻璃牌价值在个人价值扫描体系中的地位与在组织价值扫描体系中相同。也许在某些特定的情况下，最重要的是创造力和新思维，但通常并非如此。

木牌

底部中间的圆圈是木牌。这象征着对环保的关注处于中心位置，因为我们的选择和行动会影响周围的环境。而且这个位置也有很多相邻的价值牌。

同时，木牌价值不像银牌价值或钢牌价值那样占主导地位。和金牌价值一样，木牌价值也需要被我们纳入考虑。避免造成负面的木牌价值是很重要的，就像我们应该避免带来负面的金牌价值一样重要。一般来说，这些不是驱动型的价值，但都是必须要考虑的价值。

对于个人价值扫描而言，木牌可能指的是广义上的环境，也可以指你所在的当地环境。当地环境中的人会被纳入金牌价值中考虑，但其他一切都归在木牌价值之下。

铜牌

底部左侧的圆圈代表了铜牌。

如果你快速扫一眼这张图,第一眼就会看到这个圆圈,它是三角形最左边的部分。这也是有象征意义的,因为感知就是你最先接触到的部分。

在进行个人价值扫描时,铜牌价值非常有意义。你的行为举止会被怎样看待?你身边的人会怎样看待你的行为?社区的看法是怎样的?你的名声如何?对于个人来说,这是一块重要的价值牌。

≫ 价值强度

在价值三角中,我们用 1 到 4 的数字来表示价值强弱,4 是最强。

"强大的价值"对应数字 4。

"可靠的价值"对应数字 3。

"较弱的价值"对应数字 2。

"边缘价值"对应数字 1。

你需要把合适的预估价值数字填入相应的圆圈中,这样你一眼就能看出每块价值牌的不同价值强度。

负面价值

同样的评分系统也适用于负面价值,你只要在数字前面加一个负号就可以了。

所以"–4"表示负面的强大价值,负面的边缘价值是"–1"。同样地,你可以把数字填入价值牌对应的圆圈中。

为了一目了然,负面价值得分前面的负号也可以用比较大的黑点来代替。图17-2展示了4种价值三角。

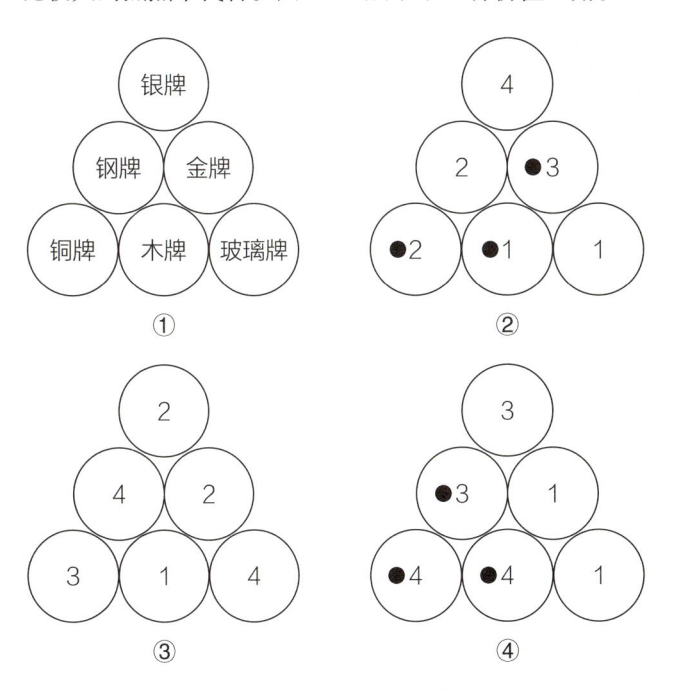

图17-2 4种价值三角

①展示了前面讨论过的每块价值牌的位置。这个位置是永远不变的,所以我们可以记住它。

②展示了某个特定项目的价值扫描结果。我们一眼就可以看出,该项目将大大有利于公司(银牌)。它存在质量和客户价值(钢牌),但比较弱。对人的价值(金牌)会有相当大的负面影响。对环境(木牌)略有负面影响。人们对项目的感知应该是较弱的负面价值(铜牌)。创新价值(玻璃牌)很少。那么这个项目应该继续下去吗?可能不会。

③展示了针对新产品创意的一次价值扫描。它的创新价值很高(玻璃牌),客户价值也很高(钢牌)。人们对它的感知好(铜牌)。金牌的价值是积极的,对环境的影响也是积极的(木牌)。对企业的好处非常小(银牌)。那么这个项目应该继续下去吗?这将取决于它所需的投入和市场影响价值之间的平衡。

④表现了一个灾难性的价值扫描结果。人们对它的感知影响是强大的负面价值(铜牌)。对环境的影响是极其负面的(木牌)。质量是负面的(钢牌)。创新部分的价值比较边缘(玻璃牌),有金牌价值。对组织的价值是可靠的,但不是很强(银牌)。因此,鉴于强大的负面影

响，该项目可能不会进行下去。

▶▶▶ 对比

价值扫描只是给出了一个总结或第一印象，然后你需要详细查看所涉及价值的实际性质。

当几个人被分别要求对某一事项进行价值扫描时，他们各自产生的价值三角可以进行比较和讨论。不同价值评估方法背后的原因可以拿出来公开讨论，这就为价值讨论提供了更清晰、更有力的基础。

第 18 章
价值地图

价值地图是用来表现价值扫描结果的另一种方法。它比前一章的"价值三角"要详细得多。价值三角的目的是对所涉及的价值给出总结或第一印象,而价值地图可以对不同价值进行详细描述。

在图 18-1 中,你可以看到具体的价值地图。六边形的每一条边代表一块价值牌,它的位置与价值三角大致相似。

从六边形中心到最外面一共是四层,它们代表价值的不同程度。最强的价值放在最靠近六边形中心的地方,较弱的价值则放在外层,这象征着某种价值与主题距离的远近。

>>> 清单

价值地图上的数字对应你列举的价值在清单上的数字,因为在价值地图上不可能写出全部价值,所以这里

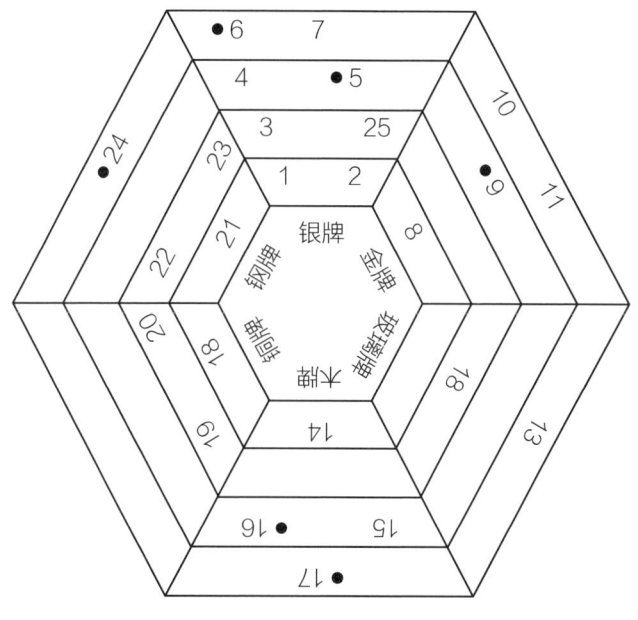

图 18-1　价值地图

的数字"8"对应清单上的第 8 项。

你可以用多种方法来进行价值扫描。

你可以先关注一块价值牌,然后只看这块价值牌下各种价值的程度。例如你可以先关注玻璃牌的价值。什么是强大的玻璃牌价值?什么是可靠、较弱、边缘的玻璃牌价值?有负面的玻璃牌价值吗?接着,你需要将答案写在清单上。然后,沿着顺时针方向依次对每块价值牌做同样的操作。

或者你可以先只看这块价值牌的"强大的价值",然后再看下一块价值牌的强大的价值,以此类推,沿着六边形的方向来看完六枚价值牌。接下来你可以关注"可靠的价值",然后再转一圈。同理,你需要对所有类型的价值都这样做。

如果在这个过程中你想到任何新的价值,即使不是当前关注的这一类,也可以列在清单里,并在地图上的空白处写下对应的数字(如图 18-1 的 25 号银牌价值)。

如图所示,清单上的序号可以是连续的,不需要考虑价值牌的不同。你也可以为每一块价值牌都设置一个单独的列表,这样你就可以快速看到与该价值牌有关的所有价值。

负面价值

和图 17-2 一样,你可以通过在数字前画一个大大的黑点来表示负面价值——尽管在这里数字只是对应清单上的一个序号。

这样,你就可以通过快速扫一眼地图注意到主要价值所在的位置,还可以注意到哪些是负面价值。

清单样例

这里给出清单的第一部分，对应图 18-1 中的数字序号。

要进行价值扫描的是一家快餐连锁店所提供的"开胃小吃"业务。顾客可以根据自己的胃口吃多少点多少。它的各种价值如下：

1. 非常符合节食和健康食品的意识。（4）

2. 在成熟的细分市场中可能是一个强大的品牌。（4）

3. "开胃小吃"通常都是冷餐，这样可以减少烹饪和浪费。（3）

4. 比传统快餐更多样化。（2）

5. 可能需要更熟练的员工来处理不同的食物。（–2）

6. 很难评估出售的不同产品之间的平衡点。有库存过多或不足的危险。（–1）

7. 如果顾客想要比普通快餐更多样化的食物，那它就很有吸引力。（1）

8. 激励员工去学习处理各种各样的食物。（4）

9. 员工的学习和理解压力加重。可能会有更多的投诉。（–2）

10. 员工的声望更高。（1）

11.员工自己吃得更健康。(1)

……

注意：在这个清单中，每个价值后面都给出了对应的强度。强度等级与价值三角完全一致：强大是4，可靠是3，较弱是2，边缘是1。

合作地图

价值地图可以由多个人各自完成，然后大家互相进行比较，就像价值三角一样。如果每个人都做出贡献，并按照建议去讨论每个价值，那么经过大家的共同努力，就可能会有更大的价值。

随着时间的推移，价值地图可以被重新编辑、整理和修改，没有什么是不能调整的。这就好像随着信息的增多或地区的变化，地理地图也会不断更新一样。

如果你在某方面需要更多信息，那么你可以在地图上对这个数字打一个小问号。

思维状态

价值地图显示了目前对特定区域价值的思维状态。地图是主观的,而我们对价值的评估很多也是主观的,因为它代表的是无法确定的未来。

这张地图使价值被公开地展示出来,这样任何人都可以反复进行查看。地图是一种外化思维的方式。

VICTERI 团队

价值是如此重要,不应该只是让大家凭兴趣来进行思考。价值需要受到直接而集中的关注。这也是 VICTERI 团队的宗旨。

V(Values)= 价值

I(Ideas)= 想法

C(Concepts)= 概念

T(Targets)= 目标

E(Examine)= 检视

R(Review)= 复盘

I(Innovate)= 创新

一个组织可以有一个 VICTERI 团队，或者每个部门或产品线都有一个。这个团队由四到六个人组成，他们都同时从事不同的工作。团队开会是为了关注和思考价值，团队成员既作为团队思考，也作为个人思考。

团队会使用价值牌框架和其他思维方法，比如水平思考和六项思考帽来分析价值。团队会进行定期汇报。

团队的目的是确定价值，检查和复盘现有的价值。此外，团队还将努力通过调整现有价值或创造新的价值来实现创新。

有关如何管理 VICTERI 团队的更多信息和说明详见：www.edwarddebono.com/victeri

（注：VICTERI 的发音听起来像表示成功的"victory"一词，这也许并不是巧合。）

结论

每个人都知道价值很重要,更有些人已经意识到价值将变得前所未有的重要。

在竞争激烈的世界里,能力正在成为一种必需品。虽然能力是必不可少的,但它只是一个基础。当每个人都同样有能力时,我们该怎么办呢?

信息也是一种必需品。信息可以被收集或购买,而更为重要的是我们如何来处理信息。

最先进的技术正在成为另一种必需品(其中有少数例外情况)。你会用技术做什么——也就是价值概念——将变得和技术本身一样重要。

项目、产品和服务的设计与创造性思维有关,这一系列过程都非常关注价值。

决定是否继续进行一个新项目或新产品,取决于价值评估的结果。

个人生活中,对不同方案和机会的选择也取决于价值评估的结果。

在所有的思考和行动领域,价值评估都至关重要。

看到价值

价值虽然是真实存在的,却又是模糊的、无形的,我们很难对价值进行思考。这在很大程度上是一个感知问题,即我们如何"看到"价值。

本书提出了具体的看待价值和评估价值的框架。六顶思考帽框架在商业领域、法律领域和家庭讨论中的广泛应用已经证明了这类框架的实用性。

感知与沟通

我们需要能够清楚地感知事物,并将我们的感知传达给他人。六枚价值牌框架恰恰做到了这一点。

每一枚价值牌都能让我们把注意力集中在一类不同的价值上。这样一来,我们可以一次只做一件事情,而不是一次做所有的事情。一次抛一个球比一次抛六个球要容易得多。

通过这种框架,我们可以比较和讨论对价值的不同看法和评估结果。我们的注意力被主动地控制起来,而不是放任它只被看起来有趣的东西所吸引。

每一枚价值牌代表了一个特定领域内的价值:从金牌的人的价值到银牌的组织价值,从钢牌的质量价值到玻璃牌的创新价值,从木牌的环境价值到铜牌的感知价值。六枚价值牌覆盖了整个价值图谱。

可视化

我们发现,有时一眼就能看到的东西比大量的语言描述更有用。所以本书中提出了两种非常简单的可视化图形。

"价值三角"将不同的价值用简单的符号表示出来,令人一目了然。

"价值地图"则更加详细。这个地图不仅可以用来进行即时评估,还可以更详细地跟踪价值。

这两种图形既可以由个人完成,也可以多人比较,每个人完成的图形都可以进行相互比较和讨论。

仅仅知道价值的重要性是不够的,我们还需要用更好的方式去感知价值、谈论价值、评估价值。这是任何行动的最佳基础。而这本书为你提供了这样的工具。

德博诺（中国）课程介绍

六顶思考帽®：从辩论是什么，到设计可能成为什么

帮助您所在的团队协同思考，充分提高参与度，改善沟通；最大程度聚集集体的智慧，全面系统地思考，提供工作效率。

水平思考™：如果机会不来敲门，那就创建一扇门

为您及您所在的团队提供一套系统的创造性思考方法，提高问题解决能力和激发创意。突破、创新，使每个人更具有创造力。

感知的力量™：所见即所得

高效思考的 10 个工具，让您随处可以使用。帮助您判断和分析问题，提高做计划、设计和决定的效率。

简化™：大道至简

教您运用创造性思考工具，在不增加成本的情况下改进、简化事务的操作，缩减成本和提高效率。

创造力™：创造新价值

帮助期待变革的组织或企业在创新层面培养创造力，在执行层面相互尊重，高质高效地执行计划，提升价值。

会议聚焦引导™：与其分析过去，不如设计未来

帮助团队转换思考焦点，清晰定义问题，快速拓展思维，实现智慧叠加，创新与突破，并提供解决问题的具体方案和备选方案。